AF500436

JEAN EBERSOLT

DOCTEUR ÈS LETTRES

Constantinople Byzantine

ET LES

Voyageurs du Levant

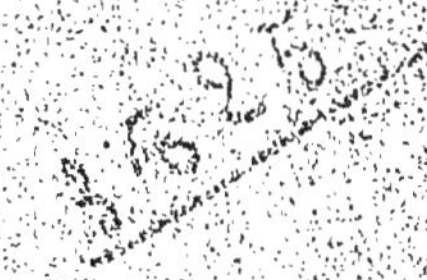

ÉDITIONS ERNEST LEROUX

28, RUE BONAPARTE, 28 — PARIS (VIe)

1919

R.F.

Constantinople Byzantine

et les

Voyageurs du Levant

3525

8° J
8830

Constantinople Byzantine

ET LES

Voyageurs du Levant

BIBLIOTHÈQUE NATIONALE R.F. IMPRIMÉS

PAR

JEAN EBERSOLT

DOCTEUR ÈS LETTRES

ÉDITIONS ERNEST LEROUX

28, RUE BONAPARTE, 28. — PARIS (VIe)

1918

PRÉFACE

R.F.

Constantinople est avec Rome et Jérusalem une des trois villes mystiques, qui ont hanté de tout temps l'esprit et l'imagination des hommes. Jusqu'au moment où, en 1453, les Turcs s'y installèrent en maîtres, la Nouvelle Rome, comme on l'appelait, fut un des pôles d'attraction de la vie intellectuelle, artistique et religieuse. Elle attire d'abord à elle ceux qui, animés exclusivement par la foi religieuse, venaient adorer les reliques que les empereurs byzantins avaient accumulées dans leur capitale. Puis ce sont les pèlerins du savoir, avides d'élargir l'horizon de leurs connaissances. D'autres, qui y sont amenés par des raisons politiques et diplomatiques, saisissent l'occasion de leur voyage pour faire des enquêtes scientifiques.

La plupart de ces voyageurs, sous l'impression des merveilles qu'ils avaient contemplées, rédigèrent des récits, qui furent lus avec avidité en leur temps par ceux qui ne pouvaient entreprendre un voyage long et pénible. Ces relations de voyage en Orient rempliraient une bibliothèque entière; mais, à part quelques productions célèbres, ce sont pour la plupart des livres qu'on ne lit pas toujours jusqu'au bout, qu'on ne relit jamais. Qu'il s'agisse de voyages d'archéologues et de naturalistes ou bien de voyages tout chargés de politique et de discussions religieuses, les anecdotes où l'on raconte en détail les difficultés et les dangers dont on s'est tiré, l'énumération minutieuse des longues étapes de la course, l'amas d'observations sans ordre et sans choix, ce sont là des traits qui caractérisent toutes ces narrations anciennes. Peu à peu, avec le temps, on apprend le métier de voyageur, la curiosité s'éveille, l'observation devient plus précise, l'expression traduit mieux la pensée et fixe le détail. Mais il faut descendre jusqu'aux temps modernes pour trouver des récits clairs, exacts et ordonnés.

Ces relations anciennes, où l'auteur s'employait surtout à décrire les coutumes politiques et les mœurs, les dogmes et les pratiques du culte, les événements importants ou les menus faits, sont néanmoins une source précieuse d'information dont on n'a pas jusqu'ici tiré complètement parti. Si ces narrateurs font chacun leur partie dans le concert des voix, qui célèbrent les mosquées et les minarets, ils ont vu aussi autre chose. Assurément les recherches archéologiques n'ont été souvent pour eux que l'accessoire ; mais leurs observations sur des monuments, qui ont été mutilés depuis ou qui ont disparu sans laisser de trace, contribueront à faire mieux connaître la cité du moyen âge.

Celle-ci se reflète, il est vrai, dans leurs récits comme dans un miroir bien imparfait. Cependant l'image est fidèle, si elle n'est pas complète. Parmi les impressions qu'ils ont traduites le plus souvent sans esprit critique, on pourra discerner certains traits de ce vieux monde oriental, qui est immuable, et projeter quelques clartés nouvelles sur une ville, qui, plus qu'aucune autre, a souffert des injures du temps et des mutilations des hommes.

Il y a dans la désolation de ces églises converties en mosquées, de ces palais en ruine, de ces remparts millénaires, une poésie émouvante, négligée trop souvent par les pèlerins exclusivement dociles aux attraits de l'islam. De nos jours le spectacle de Constantinople offre aux voyageurs une si prodigieuse variété de visions et de souvenirs que le passé est partout inséparable du présent. C'est ce passé que l'on doit évoquer, si l'on veut comprendre certaines réalités nouvelles ou renouvelées. Sainte-Sophie, encore debout dans sa splendeur gigantesque, domine toujours les bâtiments déjà caducs du Vieux-Sérail.

J. E.

Les gravures dont la provenance n'est pas indiquée reproduisent des photographies de l'auteur.

INTRODUCTION

R.F.

Situation de Constantinople. Son caractère cosmopolite. Sa fondation et son développement. Action destructive du temps et des hommes sur les monuments byzantins. Monuments de l'architecture militaire, civile et religieuse, qui ont échappé à la ruine totale. Les relations de voyage. Ce qu'elles apportent de nouveau à l'histoire monumentale de la ville.

Avec son magnifique joyau, la Corne d'Or, qui y faisait affluer les richesses du monde entier, Constantinople était destinée à prendre le caractère essentiellement cosmopolite de tous les ports. Ce grand port est par sa situation le carrefour des grandes routes maritimes de la Méditerranée et de la mer Noire. On verra les voyageurs de tous les pays d'Occident y venir aborder par la Marmara, en suivant les routes parcourues de tout temps par les vieilles populations méditerranéennes. Le Bosphore, qui est un des détroits les plus mouvementés de l'univers, y amènera les pèlerins venus de l'Orient par la mer Noire, après avoir descendu les grands fleuves qui s'y jettent, le Danube, le Dniester, le Dnieper et le Don.

Carrefour des grandes routes maritimes, Constantinople l'est aussi des grandes routes terrestres. Elle est l'aboutissant de la voie diagonale qui traverse l'Europe, et c'est cette route que suivront les peuples d'Occident pour prendre contact avec l'Asie, la terre des anciennes civilisations. Située au sommet du triangle, qui fait face au rivage asiatique, Constantinople forme un pont entre l'Europe et l'Anatolie.

Aussi cette ville devait-elle prendre un développement prodigieux ; elle devait être le centre où se rejoignent toutes les civilisations. Successivement grecque, romaine, byzantine et turque, elle a toujours semblé aux mains de ses possesseurs n'être qu'une proie conquise qu'une autre conquête peut saisir à son tour. Cette superposition de quatre civilisations a créé cette ville étrange, moins pure qu'Athènes, moins riche que Rome, mais tourmentée, passionnante, énigmatique.

Aujourd'hui Stamboul est constellé de mosquées. Ce sont elles qui donnent à la ville son caractère, son fin et grave profil, que dessinent la rondeur des coupoles et les pointes aériennes des minarets. Lorsqu'il l'aperçoit pour la première fois de la mer, le voyageur éprouve une impression d'Orient, surgissant tout à coup dans une splendeur bizarre, dans l'enchantement de l'étincelante lumière. Ce n'est pas seulement dans ses monuments les plus célèbres qu'on peut aimer cette ville. A côté des grandes mosquées et des palais ottomans, il y a les mosquées humbles et fraîches, les petites places ombragées par de vieux platanes, les rues étroites et silencieuses ; il y a aussi de grands espaces incultes et d'autres pleins de verdure, et surtout les champs des morts, où la masse sombre des cyprès monte dans l'atmosphère légère et miroitante. Et puis ce sont tous ces visages de races différentes, tout ce grouillement de peuples sur les quais, dans les boutiques et les dédales du bazar. Partout le voyageur trouve de quoi satisfaire sa passion de l'Orient sous toutes ses formes et sous toutes ses couleurs, dans tous ses contrastes d'ombre et de lumière, de bruit et de silence.

L'islam a marqué d'une forte empreinte cette vieille

FIG. 1. La Porte Dorée. Vue d'ensemble.

terre byzantine. Mais sous son enveloppe musulmane, on découvre bien vite son long passé. Des monuments d'un autre âge sont encore debout ; ils sont les témoins des traditions, des croyances d'un autre peuple, l'enveloppe adéquate et expressive d'une autre société.

Lorsque, après sa victoire sur Licinius, Constantin le Grand eut choisi sa nouvelle capitale, il fit commencer, dès 325, la construction des principaux édifices, afin que la ville fût prête pour l'inauguration solennelle, qui eut lieu le 11 mai 330 [1]. La ville se couvrit aussitôt de monuments somptueux ; elle fut divisée en quatorze régions à l'imitation de Rome ; comme Rome elle était assise sur sept collines [2].

Depuis cette date jusqu'à la prise de Constantinople par les Ottomans, en 1453, les empereurs grecs ne cessèrent d'embellir leur capitale. L'occupation de la ville par les Croisés d'Occident, en 1204, et le pillage qui s'ensuivit [3], interrompirent ce long travail. Certes la ville eut à souffrir beaucoup de la part des Latins, qui ne respectèrent ni les édifices ni les œuvres d'art ; mais les tremblements de terre, les incendies firent aussi subir des dommages importants aux monuments. Et les empereurs byzantins eurent à assumer une tâche continuelle de réparation et de restauration.

De 330 à 1453, on ne compte pas moins de huit tremblements de terre importants [4]. Les incendies furent encore plus nombreux. Certains sont purement locaux et n'endommagent qu'un ou deux édifices. D'autres prennent des proportions plus vastes et

---

[1] Cf. J. Maurice, *Les Origines de Constantinople* (Centenaire de la Société nationale des Antiquaires de France, 1804-1904, p. 281 s.).

[2] Cf. Notitia urbis Constantinopolitanae dans *Notitia dignitatum,* édit. O. Seeck, Berlin, 1876, p. 230-243; V. Schultze, *Altchristliche Städte und Landschaften* : I Konstantinopel (324-450), Leipzig, 1913, p. 175 s. ; Leclercq, Art. Byzance dans Cabrol, *Dictionnaire d'archéologie chrétienne et de liturgie ;* Kubitschek, Art. Byzantion dans Pauly-Wissowa, *Real-Encyclopädie.*

[3] Cf. J. B. Cotelerius, *Ecclesiae graecae monumenta,* Paris, 1686, p. 510-512.

[4] Cf. J. Dück, *Die Erdbeben von Konstantinopel,* Laibach, 1904, p. 20, 32 s.

détruisent tout un quartier, parfois même plusieurs quartiers, modifiant ainsi partiellement l'aspect de la ville [1]. Ces incendies ont continué leur œuvre malfaisante sous la domination turque.

Les voyageurs noteront, comme les chroniqueurs byzantins, ces catastrophes qui ont enlevé à la capitale une grande partie de sa beauté ancienne. Ils noteront aussi dans leur journal de voyage les atteintes portées aux monuments par la main des maîtres actuels de la ville. Ils écriront eux-mêmes, siècle par siècle, l'histoire des monuments byzantins depuis que le croissant a supplanté la croix. Histoire si émouvante que l'on s'étonne de retrouver quelques restes debout, quelques reliques précieuses, conservées dans cette grande, multiple et unique merveille qu'est Constantinople !

Ces restes sont cependant d'une importance capitale. L'architecture militaire, civile et religieuse est encore représentée à Stamboul par des spécimens de premier ordre.

Les murs d'enceinte révèlent encore toute l'importance du rôle que Constantinople a joué dans l'histoire de la civilisation. Ils ont été le rempart contre lequel se sont brisées les attaques multiples des barbares venus du Nord et de l'Est. Lorsqu'il eut transféré sa capitale dans l'ancienne Byzance, Constantin l'avait agrandie et avait élevé de nouvelles fortifications. Mais bien vite la ville devint trop étroite [2]. Sous Théodose II (408-450) la limite fut encore repoussée à

---

[1] Cf. F. W. Unger, *Quellen der byzantinischen Kunstgeschichte*, Vienne, 1878, p. 74 s.

[2] Cf. Th. Preger, *Studien zur Topographie Konstantinopels. Die Konstantinsmauer* (Byzantinische Zeitschrift, t. XIX, 1910, p. 450 s.).

l'ouest et le mur actuel fut élevé. Ces ouvrages de défense comprennent les murs maritimes sur la Corne d'Or et sur la Marmara, et le mur terrestre depuis la mer jusqu'aux ruines du palais byzantin, connu sous le nom de Tekfour Séraï. Les murs maritimes sont formés d'un seul rempart, flanqué de tours et percé de portes, qui donnaient accès à des débarca-

FIG. 2. Mur de la Marmara.

dères et à des ports. La muraille terrestre est constituée par trois lignes de défense : le grand mur intérieur flanqué d'énormes tours ; le petit mur avec des tours de dimension moindre ; en avant le fossé. Elle est percée de portes publiques, qui reliaient les principales rues de la ville aux routes de province, et de portes militaires, plus étroites, construites évidemment dans le but de donner aux défenseurs un accès libre et facile.

L'entretien de ces fortifications immenses était d'une importance capitale. Les inscriptions attestent le souci constant qu'ont eu les empereurs de maintenir le système de défense toujours en état. Les dommages les plus importants furent causés par les

FIG. 3. Vue prise d'une terrasse du Grand Palais.

tremblements de terre. Siècle après siècle, les empereurs réparèrent les brèches et les lézardes du vieux mur du ve siècle. Quelques-uns firent plus. Ils construisirent des parties entièrement nouvelles. A l'angle nord-est de la ville, au quartier actuel d'Eïvan Séraï, les remparts ne présentent plus de continuité ni d'homogénéité ; le mur théodosien disparaît brusquement. La ligne de défense est formée, dans sa plus grande partie, par un simple mur sans fossé. Près de la Corne d'Or, Héraclius, au VIIe siècle, puis Léon l'Arménien, au IXe siècle, élevèrent des lignes de défense formant une véritable cidatelle. Plus loin Manuel Comnène, au XIIe siècle, construisit un rempart massif, flanqué de tours trapues. Les empereurs de la dynastie des Paléologues érigèrent aussi de ce côté un mur et des tours carrées.

Mais les fortifications de l'époque de Théodose II subsistent encore dans leur plus grande partie. Bien que les souverains aient reconstruit ici et là des pans de murs ou des tours effondrées, les murailles terrestres ont conservé dans l'ensemble leur aspect primitif. Les murailles maritimes ont beaucoup plus souffert [1].

Parmi les portes, qui donnaient accès à la capitale, la plus grande, la plus imposante de toutes était la Porte Dorée. C'était l'entrée officielle, celle sous laquelle passaient les basileis lorsqu'ils revenaient d'une campagne victorieuse. Elle subsiste encore mais dépouillée de presque tous ses ornements. On y a reconnu un arc de triomphe construit par Théodose le Grand après sa victoire sur Maxime en 388. Cet arc monumental, à trois ouvertures, aurait existé avant la construction des murs de Théodose II. Il aurait été à cette époque enclavé dans la nouvelle enceinte et l'on aurait édifié en avant les propylées, constitués

---

[1] Cf. A. van Millingen, *Byzantine Constantinople. The walls of the city and adjoining historical sites*, Londres, 1899, p. 15 s., 40 s., 95 s., 115 s., 164 s.; Mordtmann, *Esquisse topographique de Constantinople*, Lille, 1892, p. 11 s.

par une porte, flanquée de deux colonnes et de deux ailes [1].

La plupart des monuments de l'architecture civile n'ont pas échappé à la destruction totale. Du Grand Palais que Constantin édifia près de l'Hippodrome, l'actuelle place de l'At-Meïdan, il ne reste que des ruines et des souterrains. Cette immense agglomération de cours, de galeries, de pavillons et de jardins, d'églises et de salles, surmontées de coupoles, occupait à la suite d'agrandissements successifs tout le terrain, qui s'incline en pente douce de l'Hippodrome jusqu'à la mer. Son entrée principale faisait face à Sainte-Sophie [2].

Au-dessus du mur maritime subsiste un édifice en ruine, avec une façade s'ouvrant sur la mer par de grandes portes, donnant accès à un balcon [3]. Cet édifice, connu généralement sous le nom de « Maison de Justinien », a été remanié. Certaines portes ont été murées; les chambranles de marbre ne présentent plus d'homogénéité, ni dans leurs dimensions, ni dans leur ornementation, ni dans leur profil. Cette

---

[1] Cf. J. Strzygowski, *Das goldene Thor in Konstantinopel* (Jahrbuch des Kaiserlich deutschen archaeologischen Instituts, t. VIII, 1893, p. 1 s.); A. van Millingen, *op. cit.*, p. 59 s.; C. Gurlitt, *Die Baukunst Konstantinopels*, Berlin, 1907, p. 2, 3, pl. 1. Ces conclusions sont contestées par E. Weigand (Mitteilungen des Kaiserlich deutschen archaeologischen Instituts, t. XXXIX, Athènes, 1914, p. 1 s.). D'après lui l'inscription latine se rapporterait non pas à Théodose le Grand mais à Théodose II. La Porte Dorée aurait donc été construite à la même époque que le mur.

[2] Cf. J. Ebersolt, *Le Grand Palais de Constantinople et le livre des Cérémonies*, Paris, 1910; J. Ebersolt et A. Thiers, *Les ruines et les substructions du Grand Palais des empereurs byzantins* (Comptes rendus des séances de l'Académie des Inscriptions et Belles-Lettres, 1913, p. 31 s.).

[3] Cf. C. Gurlitt, *op. cit.*, p. 6, 7, fig. 15.

façade a dû subir des restaurations déjà à l'époque byzantine. Plus loin que le balcon, dont quelques supports sont encore en place, s'ouvre une triple arcade soutenue par deux colonnes surmontées de chapiteaux, qui par leur style datent du VIe siècle [1]. Dans la tour d'angle voisine sont encastrés des fûts de colonnes et un chapiteau de la même époque. Tout près, dans le mur maritime, on voit encore plusieurs fragments d'un grand entablement du Ve siècle [2]. Du côté opposé à la mer, l'édifice est aussi dans un état de profonde dégradation ; les salles voûtées s'écroulent ; les murs ont été coupés. Dans l'état actuel il est difficile de connaître l'ordonnance de ce palais et de l'identifier, comme on l'a fait, soit avec le palais de Justinien ou d'Hormisdas, soit avec le palais de Théodose II ou du Boucoléon [3].

Du palais des Blachernes, qui était situé à l'autre extrémité de la ville, au quartier actuel d'Eïvan-Séraï, il ne reste rien debout. L'édifice en ruine, qu'on appelle aujourd'hui Tekfour Séraï, serait une annexe de l'ancienne demeure des derniers empereurs byzantins, qui firent des Blachernes la résidence habituelle de la cour [4]. Les voyageurs et les archéologues ont

---

[1] Cf. J. Ebersolt, *Rapport sommaire sur une Mission à Constantinople* (Extrait des Missions scientifiques, nouvelle série, fasc. 3, Paris, 1911, p. 15, pl. XIV, fig. 20).

[2] Cf. J. Ebersolt, *Mélanges d'histoire et d'archéologie byzantines*, Paris, 1917, p. 120-121, pl. II, fig. 2, 6.

[3] Cf. A. van Millingen, *op. cit.*, p. 269 s., 274 ; Mordtmann, *op. cit.*, p. 54 ; A. Zanotti, *Autour des murs de Constantinople*, Paris, 1911, p. 112 s., 153 s.

[4] Cf. A. van Millingen, *op. cit.*, p. 109 s. ; C. Gurlitt, *op. cit.*, p. 8-10, fig. 17, 22, 33 ; W. Salzenberg, *Altchristliche Baudenkmale von Constantinopel*, Berlin, 1854, p. 36 s., pl. XXXVII, XXXVIII

aussi émis sur cette ruine les opinions les plus diverses.

Si les palais, qui furent successivement habités par les anciens maîtres de la ville, ont disparu en ne laissant que quelques traces, les petits palais des familles

FIG. 4. L'emplacement de l'entrée du Grand Palais.

princières et des hauts personnages, les maisons des particuliers n'ont laissé sur le sol aucun vestige authentique.

Les monuments civils sont représentés par l'Hippodrome, qui fut construit par Septime Sévère, puis embelli et complété par Constantin [1]. Les parties qui subsistent de cette immense arène, occupée aujourd'hui par la place de l'At-Meïdan, sont le grand mur

[1] Cf. J. Ebersolt, *Le Grand Palais de Constantinople*, p. 13.

de soutènement, qui termine l'Hippodrome du côté de la mer et, sur le côté nord-ouest, une galerie parallèle à l'ancienne piste [1]. De l'ancienne décoration il ne reste en place que les trois monuments, qui ornaient la *spina*. La Colonne serpentine, qui porta le trépied de Delphes, fut placée sous Constantin le Grand [2]. L'Obélisque égyptien fut érigé par Théodose le Grand, en 390, sur un piédestal décoré de sculptures [3]. L'Obélisque de pierre, connu aussi sous le nom de Colosse, fut restauré au xe siècle, sous le règne de Constantin Porphyrogénète [4].

Les monuments honorifiques, élevés par les empereurs sur les places publiques, sont réduits aujourd'hui à un bien petit nombre. La Colonne en porphyre de Constantin le Grand appelée vulgairement Colonne brûlée, se dresse découronnée et calcinée par les incendies, sur un carrefour de Stamboul, où elle indique l'emplacement de l'ancien forum de

---

[1] Cf. A. Thiers, *L'Hippodrome de Constantinople* (Comptes rendus des séances de l'Académie des Inscriptions et Belles-Lettres, 1913, p. 38-39).

[2] Cf. O. Frick, *Das plataeische Weihgeschenk zu Konstantinopel* (Jahrbücher für classische Philologie, III Supplementband, 1857-1860, p. 513 s.).

[3] Cf. F. W. Unger, *Ueber die vier Kolossal-Säulen in Constantinopel* (Repertorium für Kunstwissenschaft, t. II, 1879, p. 126); O. M. Dalton, *Byzantine Art and Archaeology*, Oxford, 1911, p. 144.

[4] Cf. B. Paluka, *Die Säule Konstantins VII Porphyrogennetos auf dem Hippodrom zu Konstantinopel* (Byzantinische Zeitschrift, t. V, 1896, p. 158 s.); E. A. Grosvenor, *The Hippodrome of Constantinople and its still existing Monuments*, Londres, 1889, p. 51. L'inscription retrouvée sur le piédestal, ne parle pas de l'érection du Colosse, comme on le croit généralement, mais d'une restauration.

Fig. 5. Ruines du Grand Palais. Pavillon d'escalier.

Constantin[1]. La Colonne qu'Arcadius érigea, en 403, sur la place du Xérolophos, n'a conservé que son piédestal, qui se dresse, mutilé, dans le pauvre quartier d'Avret-Bazar[2]. La Colonne de l'empereur Marcien (450-457), dégagée récemment par un incendie, a conservé dans son ensemble son aspect primitif[3], de même que la Colonne, qui s'élève dans les jardins du Vieux-Sérail. Les uns attribuent cette dernière à Claude II le Gothique (268-270), les autres à Théodose le Grand (379-395)[4].

Les autres monuments de la vie civile, thermes, hospices, hôtelleries, marchés, portiques, magasins et entrepôts, tribunaux, édifices d'administration publique, établissements d'enseignement, ont disparu de la surface du sol actuel. Cette grande ville, qui était en même temps un grand port, avait aussi des ponts, des jetées, des ateliers de construction et de réparation, des arsenaux, des phares. Elle était pourvue des moyens pour fermer les ports, pour amarrer les vaisseaux sur les quais.

---

[1] Cf. Unger, *loc. cit.*, p. 110 ; Th. Reinach, *Commentaire archéologique sur le poème de Constantin le Rhodien* (Revue des Etudes grecques, t. IX, 1896, p. 71 s.).

[2] Cf. Unger, *loc. cit.*, p. 121 ; J. Strzygowski, *Die Säule des Arkadius in Konstantinopel* (Jahrbuch des Kaiserlich deutschen archaeologischen Instituts, t. VIII, 1893, p. 230 s.) ; A. Geffroy, *La Colonne d'Arcadius à Constantinople* (Monuments et Mémoires publiés par l'Académie des Inscriptions et Belles-Lettres, t. II, 1895, p. 99 s.) ; Th. Reinach, *loc. cit.*, p. 78 s. : C. Gurlitt, *op. cit.*, p. 16, fig. 41.

[3] Cf. J. Ebersolt, *Etude sur la topographie et les monuments de Constantinople* (Extrait de la Revue archéologique, 1909, II, p. 1-4).

[4] Cf. W. Salzenberg, *op. cit.*, p. 12 ; N. Kondakov, *Vizantijskija Tserkvi i Pamjatniki Konstantinopolja* (Trudy VI archeologičeskago sjezda v Odessje, Odessa, 1887, p. 107, pl. 7) ; C. Gurlitt, *op. cit.*, p. 17 ; Mordtmann, *op. cit.*, p. 50.

Parmi les grands travaux d'utilité publique l'architecture hydraulique est seule représentée par des restes importants. La ville était alimentée en eau par un système de conduites souterraines et par des aqueducs. L'aqueduc, construit par l'empereur Valens, en 368, et réparé à différentes reprises par les empereurs byzantins et par les sultans turcs, allonge toujours la série de ses arcades depuis la mosquée de Mohammed jusqu'au Séraskiérat, et évoque en plein Stamboul, le souvenir de la campagne romaine. Ce système d'adduction alimentait les thermes, les fontaines et de grands réservoirs, destinés à subvenir aux besoins d'une population considérable pendant les sièges. Parmi ces réservoirs, les uns sont à ciel ouvert, les autres sont des citernes à colonnes. Ils sont représentés par des monuments nombreux, qui ont été étudiés et relevés pour la plupart[1].

Les monuments de l'architecture religieuse ont été aussi très maltraités. Des nécropoles chrétiennes et des constructions monastiques aucune n'est restée debout. Les églises seules ont été épargnées, mais en petit nombre si l'on songe aux centaines de sanctuaires où la piété des hommes du moyen âge trouvait un refuge. Sans doute Sainte-Sophie, l'œuvre

---

[1] Cf. P. Forchheimer et J. Strzygowski, *Die byzantinischen Wasserbehälter von Konstantinopel* (Byzantinische Denkmäler, t. II, Vienne, 1893). Outre cet ouvrage on consultera B. Paluka, *Eine unbekannte byzantinische Zisterne* (Byzantinische Zeitschrift, t. IV, 1895, p. 594 s.); K. Wulzinger, *Die Steinmetzzeichen der Binbir-direk* (*ibid.*, 1913, p. 459 s.) ; Kouppas (Ὁ ἐν Κωνσταντινουπόλει Ἑλληνικὸς Φιλολογικὸς Σύλλογος. Ἀρχαιολογικὴ ἐπιτροπή. Παράρτημα du t. 20-22, 1892, p. 47 s.); Sideridis (*ibid.*, t. 29, 1907, p. 252 s.) ; A. van Millingen, *op. cit.*, p. 23 s.; J. Pargoire, *A propos de Boradion* (Byzantinische Zeitschrift, t. XII, 1903, p. 463).

maîtresse de Justinien, n'a pas été détruite. Elle est pour l'art byzantin ce que le Parthénon est pour l'art grec, et résume un ensemble de méthodes et tout un idéal d'art [1]. Mais combien d'autres ont disparu sans laisser de traces, comme cette église des Saints-Apôtres, qui fut le Saint-Denis des empereurs byzantins [2] ! Et parmi celles qui sont encore debout, la plupart, transformées en mosquées, ont subi des mutilations et des remaniements, qui leur ont enlevé, en partie, leur cachet ancien [3].

Cependant c'est dans ces églises que l'on peut le mieux se rendre compte de l'ancienne splendeur de Byzance. Devant ces marbres polychromes, qui tapissent les murs, devant ces mosaïques brillant dans un reflet d'or atténué par l'ombre, qui fond les aspérités, les découpures et unifie les teintes, le voyageur de toutes les époques et de tous les pays a ressenti la

---

1 Sur Sainte-Sophie la monographie la plus récente et la plus complète est celle de E. M. Antoniadis, Ἔκφρασις τῆς Ἁγίας Σοφίας, t. I-III, Athènes, 1907-1909. On trouvera une bibliographie concernant la Grande Eglise dans J. Ebersolt, *Sainte-Sophie de Constantinople. Etude de topographie d'après les Cérémonies*, Paris, 1910, p. 1 s., et dans N. Okunev, *Chram Sv. Sofij v Konstantinopoljé* (Starye Gody, novembre 1915, p. 8 s., 29).

2 Cf. A. Heisenberg, *Grabeskirche und Apostelkirche*, t. I, II, Leipzig, 1908.

3 Cf. J. Ebersolt et A. Thiers, *Les Eglises de Constantinople* (Monuments de l'art byzantin publiés sous les auspices du Ministère de l'Instruction publique et des Beaux-Arts, Paris 1913, et Album). Sur Kahrjé-Djami, où est conservé le plus bel ensemble de mosaïues anciennes, v. A. Rüdell, *Die Kahrie-Dschamisi in Konstantinopel*, Berlin, 1908, et surtout F. Schmitt, *Kachrie-Dzami* (Izvjestija russkago archeologičeskago Instituta v Konstantinopoljé, t. XI, 1906 et Album.) — On trouvera une abondante bibliographie sur les monuments de Constantinople dans Ch. Diehl, *Manuel d'art byzantin*, Paris, 1910, et dans O. M. Dalton, *Byzantine art and archaeology*, Oxford, 1911.

beauté d'un art fait de distinction et de noblesse, d'un art éminemment décoratif.

Aussi les impressions que les pèlerins ont éprouvées devant toutes ces œuvres d'art sont-elles précieuses à plus d'un titre. Ces voyageurs sont des témoins qui, de siècle en siècle, exprimeront leurs sentiments et leurs idées en présence de cette ville. En énumérant et en décrivant les monuments visités, ils apporteront souvent des données précieuses sur les édifices qui ont échappé à la ruine ou sur ceux qui ont été complètement détruits. Ces éléments nouveaux compléteront sur beaucoup de points les renseignements trop souvent incomplets des historiens et des chroniqueurs byzantins.

En orientant eux-mêmes le lecteur archéologue ou ami de l'archéologie sur l'histoire monumentale de la ville du Bosphore, les voyageurs exposeront aussi les efforts considérables, qui ont été faits pour découvrir les secrets de cette ville sur laquelle il plane encore tant de mystère. Ces chercheurs et ces travailleurs, dont les investigations n'ont pas été toujours couronnées par le succès, exposeront enfin la tâche, qui reste à accomplir, pour lier cette gerbe d'or dont les épis sont encore dispersés.

CHAPITRE PREMIER

Les voyageurs du Levant au moyen âge

La découverte de Constantinople. Ibn ben Iahja : impressions d'un musulman ; la Colonne de Justinien. Maçoudi : la ville aux rivages surpeuplés. Les ambassades de Luitprand, évêque de Crémone. Les adorateurs de reliques : Joseph, moine de Cantorbéry. Les Croisés : Odon de Deuil ; aspect intérieur de la ville. Guillaume de Tyr. Edrisi : son étonnement devant la « ville incomparable » et devant les statues. Benjamin de Tudèle : caractère cosmopolite de la population ; quartier des tanneurs ; le palais des Blachernes embelli par Manuel Ier Comnène. Antoine de Novgorod : le Baptistère de Sainte-Sophie : les portiques. La quatrième Croisade ; Geoffroi de Villehardouin : impression des Croisés en découvrant la ville : le pont sur la Corne d'Or ; Robert de Clari : les « merveilles » de la cité. Aboulféda : les maisons en ruine. Les pèlerins russes du XIVe et du XVe siècle : les ports du Boucoléon et de Contoscalion ; le portique de l'Hippodrome ; les Colonnes honorifiques. Ibn Batoutah : son arrivée au son des cloches ; la Corne d'Or ; les marchés. J. Schiltberger : Sainte-Sophie ; sa couverture en plomb. Ruy Gonzalez de Clavijo : le centre de la ville peu peuplé et mort ; les quartiers maritimes mouvementés sur la Corne d'Or ; l'Hippodrome, ses portiques et ses œuvres d'art. Christophore Buondelmonti : les quartiers maritimes sur la Marmara ; restes de la place de l'Augustéon et de l'Hippodrome ; statues et colonnes. Ghillebert de Lannoy. Bertrandon de la Broquière : aspect général de la ville. Gilles le Bouvier : la population commerçante et cosmopolite. Nestor Iskander : portiques, rues couvertes. — Les récits des voyageurs du moyen âge : la ville telle qu'elle leur apparut.

Eginhard, dans sa *Vie de l'empereur Charlemagne*, raconte que, trois ans avant sa mort, le monarque fit la distribution de ses trésors et de ses biens mobiliers et qu'il consigna ses intentions dans un écrit daté de 811. Au nombre de ses meubles se trouvaient des tables en argent et une en or de dimension et de poids considérables. L'une d'elles, de forme carrée, sur laquelle était représentée la ville de Constantinople, devait être donnée à la basilique de Saint-Pierre de Rome; l'autre, de forme ronde, ornée d'une vue de Rome, était destinée à l'église épiscopale de Ravenne; la troisième, contenant une description du monde entier, devait être distribuée en aumônes [1].

S'il existait, déjà au IXe siècle, des vues et des plans de l'Ancienne et de la Nouvelle Rome, il devait exister aussi des descriptions des deux capitales de l'Occident et de l'Orient. Au IXe siècle, un Arabe, Ibn ben Iahja, qui avait été transporté, comme prisonnier de guerre, d'Ascalon à Constantinople, puis à Salonique et à Rome, écrivit une relation de son voyage, pleine d'histoires miraculeuses, mais où l'on trouve ici et là quelques renseignements précieux [2].

Constantinople lui donne l'impression d'une ville très puissante et remplie d'œuvres d'art. Ce qui a le plus frappé cet Oriental, pour qui l'eau a un grand prix, c'est le système d'aqueducs qui, dans tous les quartiers, déversent l'eau abondamment. Certes, ce prisonnier de guerre n'avait pas la liberté de visiter,

---

[1] Cf. *Einhardi Omnia quae exstant opera*, édit. Teulet, t. I, Paris, 1840, p. 108.

[2] Cf. J. Marquart, *Osteuropäische und ostasiatische Streifzüge*, Leipzig, 1903, p. 206 s., 215 s., 237 s., 260 s.

dans toutes ses parties, une ville aussi grande. Mais il est frappé et peut-être un peu scandalisé, comme un bon musulman, par la quantité de statues de bronze, qui ornaient le palais impérial. A la Porte Dorée, « la porte par laquelle on va à Rome », il a vu ces statues d'hommes et d'éléphants, qui ont été signalées par les auteurs byzantins [1]. Si, à l'Hippodrome, il a eu le privilège d'assister à une de ces courses brillantes, qui attiraient tout le peuple de la capitale, s'il a vu deux chars dorés, attelés de quatre chevaux et conduits par des cochers revêtus d'habits tissés d'or, faire trois fois le tour de l'arène à toute vitesse et le vainqueur recevoir du basileus un collier et une livre d'or, il a surtout remarqué, au milieu du Cirque, les « Serpents de bronze ». La Colonne serpentine n'était pour lui, comme pour tous les hommes du moyen âge, qu'un talisman et n'évoquait nullement un des grands souvenirs de la Grèce antique.

Ce qui l'a le plus intéressé, c'est, à dix pas à l'ouest de Sainte-Sophie, une haute colonne « formée de plusieurs colonnes placées les unes sur les autres et reliées par des chaînes d'argent ». Au sommet était une table de marbre carrée, qu'il prend à tort pour un tombeau, et, au dessus, se dressait la statue équestre de l'empereur Justinien, « la tête ceinte d'une couronne d'or, ornée de perles et de rubis, et levant la main droite » [2]. Ce monument est bien connu par les témoignages des auteurs anciens et par

---

[1] Cf. F. W. Unger, *Quellen der byzantinischen Kunstgeschichte*, Vienne, 1878, p. 207, 226-227 ; J. Strzygowski, *Das goldene Thor in Konstantinopel* (Jahrbuch des Kaiserlich deutschen archaeologischen Instituts, t. VIII, 1893, p. 29).

[2] Cf. J. Marquart, *op. cit.*, p. 215 s., 220, 222.

un dessin retrouvé dans la bibliothèque du Sérail [1] (fig. 6). Ibn ben Iahja ne dit rien du soubassement de sept degrés, ni du piédestal [2]. Mais il confirme deux faits : les tambours du fût étaient entourés de cercles de métal ; la statue reposait sur une base quadrangulaire. Cette Colonne honorifique, une des « merveilles » de l'ancienne Byzance, devait attirer l'attention de plusieurs autres voyageurs, par ses proportions, qui lui avaient valu le surnom d'Achilleus, et par l'aspect étrange et très oriental du « plumet énorme », dont le basileus était coiffé.

Fig. 6. Statue de Justinien. Dessin conservé au Sérail de Constantinople (d'après Mordtmann).

Au xe siècle, un autre musulman visitait Constantinople, non plus en prisonnier, mais en voyageur avide de connaître la capitale des « rois chrétiens de Roum ». Né à Bagdad, Maçoudi avait passé la plus grande partie de sa vie à voyager depuis l'Inde jusqu'en Espagne. Il s'était retiré en Égypte, où, en 955, un an avant sa mort, il rédigeait le dernier de ses ouvrages. Dans ses *Prairies d'Or* il fait œuvre d'his-

---

[1] Cf. Mordtmann, *Esquisse topographique de Constantinople*, Lille, 1892, p. 64, 66 ; J. Ebersolt, *Le Grand Palais de Constantinople et le Livre des Cérémonies*, Paris, 1910, p. 14 ; O. M. Dalton, *Byzantine Art and Archaeology*, Oxford, 1911, p. 124.

[2] Cf. Unger, *op. cit.*, p. 137-145.

torien en résumant l'histoire des empereurs de Constantinople depuis Constantin le Grand jusqu'aux règnes de Constantin VII Porphyrogénète et de Romain Ier Lécapène [1]. Il vit donc la ville au moment de l'apogée de la dynastie macédonienne et en donne, en géographe, une description sommaire. « Constantinople est située sur un canal dont les bords, dans toute leur étendue, sont couverts d'habitations. » La ville, dont les rivages sont surpeuplés, ne tient que par un côté au continent. Les églises et les palais intéressent moins ce musulman que les hautes murailles, coupées de tours et d'un grand nombre de portes, petites et grandes. Parmi ces dernières, il signale la « Porte d'or, qui est ornée de battants en bronze » [2].

A la même époque, un évêque de Crémone était envoyé en qualité d'ambassadeur auprès de Constantin VII, puis auprès de Nicéphore Phocas par le roi Bérenger. Luitprand dans ses deux écrits, l'*Antapodosis* et la *Legatio*, a porté sur la cour byzantine des jugements entachés de partialité ; mais ses descriptions du Grand Palais sont précieuses et font entrevoir toute la magnificence des salles et des édifices où il fut reçu [3]. C'était un diplomate à l'esprit critique et précis pour son époque.

Cependant la ville attirait à elle d'autres voyageurs,

---

[1] Cf. Maçoudi, *Les Prairies d'or*, texte et traduction par Barbier de Meynard et Pavet de Courteille, t. II, Paris, 1863, p. 311 s.

[2] Cf. Maçoudi, *op. cit.*, t. I, Paris, 1861, p. 261 ; t. II, p. 317, 319, 320.

[3] Cf. *Monumenta Germaniae historica*, Script. t. III, p. 277, 310, 333, 338 s., 349 ; cf. J. Ebersolt, *op. cit.*, passim ; *Mélanges d'histoire et d'archéologie byzantines*, Paris, 1917, p. 50-51.

ceux qui, poussés par la foi religieuse, venaient en Orient pour adorer les reliques.

Constantinople était d'une richesse merveilleuse à ce point de vue. Les empereurs y avaient réuni les reliques les plus précieuses, disséminées auparavant dans toutes les villes d'Orient, pour les mettre à l'abri des infidèles[1]. Vers 1090, un moine de Cantorbéry, Joseph, qui était allé accomplir son pèlerinage aux Lieux Saints, apprend à Jérusalem qu'il existait à Constantinople « un trésor de reliques incomparable ». Il quitte aussitôt ses compagnons de voyage et part seul, avec quelques serviteurs, pour la ville impériale. Là il parvient, grâce à des relations, à pénétrer dans la chapelle de l'empereur, où il contemple à loisir ce trésor de sainteté[2].

A la fin du XIe siècle commencent les Croisades, qui donnèrent aux Occidentaux l'occasion de pénétrer dans la ville, de l'admirer et de la faire connaître.

Odon de Deuil, qui accompagna Louis VII le Jeune pendant la seconde Croisade, décrit la capitale telle qu'elle lui apparut au milieu du XIIe siècle. La forme de « cette ville riche et fameuse, la gloire des Grecs », lui inspire une jolie comparaison. Elle ressemble, dit-il, à une voile de navire[3]. Dans l'un des angles se trouvent Sainte-Sophie et le « palais de Constantin » avec une chapelle pleine de reliques ; dans l'autre le

---

[1] Cf. Riant, *Exuviae sacrae Constantinopolitanae*, t. I, Genève, 1877, p. XXXVIII s.

[2] Cf. Ch. H. Haskins, *A Canterbury monk at Constantinople* (The English Historical Review, t. XXV, 1910, p. 293 s.).

[3] Cette comparaison se rencontre aussi dans la *Chronique de Romanie* ; cf. Buchon, *Collection des Chroniques nationales françaises*, XIIIe siècle, Paris, 1825, p. 46.

palais des Blachernes, d'où l'on jouit d'une vue agréable sur la mer, la campagne et la ville. Au pied des murailles terrestres s'étendent de grands espaces cultivés, des jardins, qui donnent toute espèce de légumes aux habitants. Ceux-ci sont abondamment pourvus d'eau par des conduites souterraines. La ville elle-même est sale, dégoûtante, pleine d'ordures ; en beaucoup d'endroits y règne une nuit perpétuelle. Les maisons des riches débordent sur les rues, qui sont abandonnées aux pauvres. Il s'y commet à la faveur des ténèbres des crimes et des scélératesses. « En tout cette ville dépasse la mesure »[1].

Guillaume de Tyr, l'historien des Croisades, qui connaissait si bien l'Orient, fit plusieurs voyages à Constantinople, à la même époque. Mais il n'a pas fait de la ville un tableau aussi coloré qu'Odon de Deuil. Cependant il pénétra au palais, pour accompagner le roi Amaury de Jérusalem, quand il fut reçu, en 1171, par Manuel Comnène ; et il a donné quelques détails intéressants sur certaines parties de la demeure impériale[2].

Le géographe arabe Edrisi donne au contraire libre cours à son admiration, quand il aperçoit les fortes murailles de la capitale, quand, pénétrant par la Porte Dorée, les énormes battants « en fer recouvert de lames d'or » s'ouvrent devant lui. « L'on ne connaît pas de ville, dit-il, qui lui soit comparable en grandeur dans toute l'étendue de l'empire romain. »

---

[1] Cf. P. Fr. Chiflet, *S. Bernardi Clarevallensis abbatis Genus illustre assertum*, Divione, 1660, p. 36-38, 47-48.

[2] Cf. *Willermi Tyrensis archiepiscopi Historiae*, II, 7 ; XX, 23 (Recueil des Historiens des Croisades, t. I, 1, p. 81-83 ; t. I, 2, p. 983-985) ; J. Ebersolt, *Le grand Palais de Constantinople*, p. 80, 147.

« Elle renferme un palais renommé par la hauteur, la vaste étendue et la beauté de ses constructions, et, de plus, un Hippodrome par lequel on arrive à ce palais, cirque le plus étonnant qui existe dans l'univers. On y marche entre deux rangs de statues de bronze d'un travail exquis, représentant des hommes, des chevaux, des lions sculptés avec une perfection de nature à faire le désespoir des artistes les plus habiles. Ces figures sont d'une stature plus haute que la grandeur naturelle[1]. »

Comme Edrisi, qui était né à Ceuta, Benjamin de Tudèle partit d'Occident pour entreprendre son voyage d'Orient. Juif Espagnol, il quitte la Navarre et visite, dans la seconde moitié du XIIe siècle, tous les lieux du monde où ses confrères avaient des établissements. Il observe non seulement les choses mais les gens. Ce qui le frappe surtout à Constantinople, c'est le caractère cosmopolite de la population. « C'est une ville, dit-il, commune à tout le monde. » Des marchands s'y rendent de toutes parts. Les Grecs possèdent or et pierreries en abondance ; leurs habits sont faits d'étoffes cramoisies, couvertes de broderies d'or. Sur leurs chevaux richement harnachés, ils ressemblent à des princes. Ils s'adonnent beaucoup au plaisir, boivent et mangent à l'ombre de leur vigne et de leur figuier. La ville a des quartiers répugnants; les tanneurs jettent devant leur porte les eaux qui ont servi à préparer les peaux.

A côté de ces immondices, des splendeurs. « Le nombre des temples y est pareil à celui des jours de

---

[1] Cf. *Géographie d'Edrisi,* trad. par P. A. Jaubert, t. II, Paris, 1840, p. 293, 298, 299, 383, 385.

l'année. » Sainte-Sophie est à ses yeux d'une valeur inestimable, plus peut-être par son trésor, ses colonnes d'or et d'argent, ses grands chandeliers et ses lampes, que par sa décoration artistique. Benjamin visita aussi le palais des Blachernes (*Bilbernae*), où étaient représentés les exploits guerriers de Manuel et de ses ancêtres. D'après lui ce palais surpassait, par l'opulence et la beauté de sa structure, toutes les demeures princières de la terre[1]. Manuel Ier Comnène (1143-1180) venait justement d'embellir ce palais pour y fixer sa nouvelle résidence. La peinture d'histoire, qui y était largement représentée, rehaussait l'éclat des colonnes, du trône doré, enrichi de pierres précieuses ; et le voyageur espagnol fut, à juste titre, ému en présence de toutes ces beautés[2].

Constantinople exerçait un attrait toujours plus grand sur les hommes pieux. Vers 1200, Antoine, archevêque de Novgorod, entreprend le long voyage à travers les plaines russes pour « adorer avant tout Sainte-Sophie » et ses reliques. Il est ébloui par l'éclat des cérémonies et le luxe de l'orfèvrerie religieuse. Au Baptistère il a noté un détail intéressant : il y a vu « peinte toute l'histoire du baptême du Christ ». Ce Baptistère, consacré par Justinien à Jean-Baptiste, se trouve à l'angle sud-ouest de la mosquée. Dépouillé

---

1 Cf. Benjamin de Tudèle, *Voyage*, La Haye, 1735, col. 11-13.

2 Cf. J. P. Richter, *Quellen der byzantinischen Kunstgeschichte*, Vienne, 1897, p. 372 s. L'auteur (p. 374) n'a pas donné le texte complet de Benjamin de Tudèle ; il a omis dans sa traduction le passage relatif à la peinture d'histoire. Il est fâcheux que l'auteur n'ait donné que la traduction allemande, parfois assez libre et incomplète, des textes grecs et latins et que les épreuves n'aient pas été corrigées avec plus de soin. On en peut dire autant de l'ouvrage très utile de Unger, qui porte le même titre.

de toute sa décoration ancienne, il est aujourd'hui transformé en turbé de Sultan Moustapha Ier [1]. Si le pèlerin russe est surtout intéressé par les tombeaux et les reliques, il donne parfois de précieuses indications. C'est lui qui mentionne encore un portique (ἔμβολος) conduisant à l'Hippodrome, et d'autres constructions semblables : « l'embolos des Noirs », celui de Saint-Georges et « un embolos russe »[2].

Ces portiques, qui bordaient les rues et les places, étaient innombrables. La disposition des arcades offrait aux marchands des avantages pour l'établissement de leurs comptoirs. Aussi les habitations de la population commerçante étaient-elles souvent adjacentes ou groupées autour d'un portique. Chaque corporation, chaque nation avait le sien, et le quartier tout entier était désigné parfois sous le nom d'ἔμβολος. C'est ainsi qu'il y avait un portique russe, concédé à cette nation par les empereurs. Ceux-ci concédaient de même, par une ordonnance, un portique à chaque corporation, qui y établissait ses tables et ses locaux[3].

La quatrième Croisade amena au XIIIe siècle un flot

---

[1] Cf. J. Ebersolt, *Sainte-Sophie de Constantinople. Etude de topographie d'après les Cérémonies*, Paris, 1910, p. 2, 33 ; G. Millet, *Recherches sur l'iconographie de l'Evangile aux* XIVe, XVe et XVIe *siècles*, Paris, 1916, p. 207.

[2] Cf. Antoine, archevêque de Novgorod, *Le Livre du Pèlerin* (*Itinéraires russes en Orient* traduits par Mme B. de Khitrowo, Genève, 1889, t. I, 1, p. 87 s., 96, 97, 101, 105).

[3] Cf. J. Nicole, *Le Livre du Préfet*, Genève, 1894, p. 49-50 ; W. Heyd, *Histoire du commerce du Levant*, trad. Furcy-Raynaud, t. I., Leipzig, 1885, p. 248 ; J. Compernass, *Zur Topographie der Stadt Konstantinopels* (Roemische Quartalschrift, t. XXII, 1908, p. 56).

d'Occidentaux, qui s'installèrent à Constantinople et lui firent subir de multiples et graves déprédations. Geoffroi de Villehardouin, l'historien de cette Croisade, a noté, dans une page pleine de saveur, l'impression que ressentirent les Croisés en découvrant la capitale. « Or, vous pouvez savoir qu'ils regardèrent beaucoup Constantinople ceux qui jamais ne l'avaient

FIG. 7. Assaut de Constantinople par les Croisés. Manuscrit de l'Arsenal (d'après Mordtmann.)

vue; car ils ne pouvaient penser qu'il pût être en tout le monde une si riche ville, quand ils virent ces hauts murs et ces riches tours dont elle était close tout entour à la ronde, et ces riches palais et ces hautes églises, dont il y avait tant que nul ne le pût croire s'il ne l'eût vu de ses yeux, et la longueur et la largeur de la ville, qui entre toutes les autres était souveraine. Et sachez qu'il n'y eut homme si hardi à qui la chair ne frémît [1] ».

Villehardouin vit la grosse chaîne, qui fermait l'entrée de la Corne d'or, et, au fond du port, en face du palais des Blachernes, un pont de pierre, que les Grecs avaient coupé et que les Croisés réparèrent pour attaquer la ville. On sait que Justinien avait construit, au VIe siècle, un pont sur la Corne d'or [2], sur cet immense port où aboutissaient ces « grandes rues marchandes », dont va parler Villehardouin. Si toutes ces rues commerçantes n'aboutissaient pas à un pont, elles conduisaient du moins à des escaliers de débarquement, à des échelles [3], qui établissaient la communication entre les quartiers commerçants et les navires, qui venaient jeter l'ancre au plus près.

Le maréchal de Champagne assiste à l'incendie de la ville et voit « ces belles églises et ces riches palais s'effronder et s'abîmer et ces grandes rues marchandes brûler à feu ardent. Le feu gagna ainsi sur le port en travers jusque parmi le plus épais de la ville et jusqu'à la mer d'autre part, tout près de l'église Sainte-Sophie. Et il dura deux jours et deux nuits sans jamais pouvoir être éteint de main d'homme, et le front du feu, quand il allait brûlant, tenait bien l'espace d'une demi-lieue. Du dommage, ni de l'avoir, ni de la richesse, qui là fut perdue et consumée, nul ne pourrait faire le compte, non plus que des hommes

---

[1] Cf. *La Conquête de Constantinople par Geoffroi de Ville-Hardouin avec la Continuation de Henri de Valenciennes*, édit. Natalis de Wailly, Paris, 1872, p. 73.

[2] Cf. Unger, *op. cit.*, p. 254 ; A. van Millingen, *op. cit.*, p. 174-175 ; Th. Preger, *Scriptores originum Constantinopolitanarum*, t. II, Leipzig, 1907, p. 161.

[3] Cf. Unger, *op. cit.*, p. 255-256.

et des femmes et des enfants, dont il y eut beaucoup de brûlés[1] ».

Villehardouin, diplomate au courant de tous les secrets de la politique, ne révèle pas ceux de la ville conquise. Bien différent est le « pauvre » chevalier Robert de Clari, qui se croise en 1202, et aide à conquérir Constantinople en 1203 et en 1204. C'est un simple soldat, qui combat dans le rang, mais il n'est ni rude, ni inculte. Sa description est un des documents les plus curieux parmi les relations du moyen âge; dans le récit simple et naïf du chroniqueur picard se reflète toute la beauté de la capitale. Il admire le palais du Boucoléon (Bouke-de-lion) et celui « de Blakerne », non moins riche, avec son trésor contenant les couronnes, les bijoux et les vêtements impériaux. Les « pèlerins » sont aussi émerveillés par les riches « moustiers », en premier lieu par le « moustier Sainte-Souphie » et par la Colonne de Justinien, qui s'élevait près de là. Le pauvre chevalier ajoute foi au récit des Grecs, qui lui affirment, avec leur assurance bien connue, que l'empereur représenté était Héraclius.

Il visite aussi le « moustier » des Saints-Apôtres et les tombeaux impériaux, la Porte d'Or, où se dressaient les deux éléphants en bronze, l'Hippodrome, où il a vu les trente ou quarante gradins, sur lesquels les Grecs s'asseyaient pour regarder les jeux, la tribune impériale, les statues en bronze d'hommes, de femmes et d'animaux divers. Ailleurs, en la cité, il a remarqué deux autres statues de femmes, en bronze, très « bien faites et très belles ». De plus grandes

---

[1] Cf. *La Conquête de Constantinople*, p. 88, 90, 118.

« merveilles », sont deux grandes colonnes, au sommet desquelles on montait par un escalier intérieur ; à l'extérieur « estoient pourtraites et escrites par prophétie toutes les aventures et toutes les conquestes, qui sont avenues en Constantinoble ». Ces colonnes, érigées sur le modèle de celle de Trajan à Rome, étaient l'une celle d'Arcadius [1], l'autre celle que Théodose le Grand éleva, en 386, sur le forum du Tauros [2]. Elles étaient au nombre des monuments les plus imposants de la ville ; Robert de Clari en ignore même le nom. Il s'intéresse surtout, en homme du moyen âge, aux reliques et aux tombeaux, ainsi qu'aux richesses dont la ville regorge [3]. Constantinople, qui succomba, on le sait, le jour de Pâques fleuries 1204, fut livrée à l'incendie et au pillage pendant trois jours [4]. Beaucoup de ces trésors et de ces reliques furent dispersés dans tous les pays d'Occident [5].

---

[1] V. plus haut p. 22.

[2] Cf. F. W. Unger, *Ueber die vier Kolossal Säulen in Constantinopel* (Repertorium für Kunstwissenschaft, t. II, 1879, p. 118). J. Strzygowski, *Die Säule des Arkadius in Konstantinopel* (Jahrbuch des Kaiserlich deutschen archaeologischen Instituts, t. VIII, 1893, p. 242.) ; A. Geffroy, *La Colonne d'Arcadius à Constantinople* (Monuments et Mémoires publiés par l'Académie des Inscriptions et Belles-Lettres, t. II, 1895, p. 117) ; Th. Reinach, *Commentaire archéologique sur le poème de Constantin le Rhodien* (Revue des Etudes grecques, t. IX, 1896, p. 75, 76).

[3] Cf. Ch. Hopf, *Chroniques gréco-romanes inédites ou peu connues*, Berlin, 1873, p. 65-71.

[4] Cf. *Chronique d'Ernoul*, édit. M. L. de Mas Latrie, Paris, 1871, p. 371 s. ; *Chronista Novgorodensis* (Hopf, *op. cit.*, p. 97) ; Guntheri Alemanni, scholastici, monachi et prioris parisiensis, *De Expugnatione urbis Constantinopolitanae, seu Historia Constantinopolitana*, édit. Riant, Genève, 1875, p. 52 s.

[5] Riant, *Exuviae sacrae Constantinopolitanae*, t. I, II, Genève, 1877, 1878, a réuni dans ces deux volumes les documents si divers, relatifs aux dépouilles religieuses transportées en Occident au XIIIe siècle.

Quand Constantinople eut été reprise par Michel VIII Paléologue, en 1261, elle redevint bien vite le centre de l'hellénisme. Sans doute la ville avait beaucoup souffert. Au début du XIVe siècle, le géographe arabe Aboulféda, après avoir énuméré rapidement les principaux monuments, ajoute : « Dans l'intérieur de la ville sont des champs ensemencés, des jardins et beaucoup de maisons en ruine[1] ».

Vers 1350, le pèlerin Étienne de Novgorod et ses compagnons russes de la même époque énumèrent, sans se lasser, les reliques et « les images vénérables ». Les Croisés n'avaient donc pas tout emporté. Ces voyageurs slaves du XIVe et du XVe siècle, partis des grandes plaines du Nord, pour accomplir leur pèlerinage aux Lieux Saints, s'arrêtaient à Tsargrad, d'où ils se rendaient parfois à Salonique et au Mont-Athos, avant de gagner la Palestine. Ce sont, outre Étienne de Novgorod, Ignace de Smolensk et le scribe Alexandre, l'archimandrite Grethenios, le moine Épiphane et le moine pécheur Zosime; enfin, dans la première moitié du XVe siècle, un Anonyme donne une description de Constantinople[2]. Si tous ces pèlerins ne font pas un récit de leur séjour dans la ville impériale, plusieurs ont su néanmoins y voir autre chose que des reliques.

Ils ont admiré le palais de l'empereur Constantin, près de l'Hippodrome, avec ses murs élevés qui le ren-

---

[1] Cf. *Géographie d'Aboulféda* trad. par M. Reinaud, t. II, 1, Paris 1848, p. 315-316. Aboulféda voit à tort dans la Colonne de Justinien près de Sainte-Sophie, celle de Constantin le Grand.

[2] Cf. *Itinéraires russes en Orient,* trad. par Mme B. de Khitrowo t. I, 1, Genève, 1889, p. 115 s., 129 s., 161, 167 s., 195 s., 199 s., 225 s.

daient « semblable à une grande ville[1] », les sculptures qui le décoraient, et sous la muraille, au bord de la mer « des ours et des aurochs en pierre[2] ». Ce que le pèlerin russe décrit si brièvement et si naïvement, c'était le port du Boucoléon, le port du Grand Palais pourvu de jetées s'avançant dans la mer, d'un escalier descendant au débarcadère, d'un quai pavé de marbre et orné de statues parmi lesquelles figurait un lion terrassant un bœuf[3].

Étienne de Novgorod a vu un autre port, fermé par une grande porte en fer, et pouvant contenir jusqu'à trois cents galères. C'était un des ports, qui sur le rivage de la Marmara offrait aux navires un abri sûr contre les vents violents soufflant du Sud[4]. L'Anonyme signale au Cirque trente grandes colonnes, réunies à leur sommet par une architrave en pierre[5]. Cette observation, qui fut faite avant la prise de Constantinople par les Turcs en 1453, prouve que l'Hippo-

---

[1] Cf. Pèlerinage d'Étienne de Novgorod, vers 1350 (*Ibid.*, p. 120).

[2] Cf. Description de Constantinople, 1424-1453 (*Ibid.*, p. 235).

[3] Cf. A. van Millingen, *op. cit.*, p. 269 s. ; J. Ebersolt, *Le Grand Palais de Constantinople*, p. 147 s. ; Unger, *Quellen der byzantinischen Kunstgeschichte*, p. 259-260 ; A. Zanotti, *Autour des murs de Constantinople*, Paris, 1911, p. 38 s., 185 s.

[4] Étienne de Novgorod l'appelle Cantoscopie (*Ibid.*, p. 120-121) ; c'était le port de Contoscalion, réparé par Michel VIII Paléologue, qui le protégea par un môle ; cf. Unger, *op. cit.*, p. 263 s. ; A. van Millingen, *op. cit.*, p. 293-294 ; Zanotti, *op. cit.*, p. 31 s.

[5] Cf. Description de Constantinople, 1424-1453 (*Ibid.*, p. 237). L'anonyme mentionne aussi à l'Hippodrome une « énorme colonne en pierre reposant sur quatre supports de cuivre », qui n'est autre que l'Obélisque de Théodose, et les trois serpents en bronze. La Colonne serpentine est signalée aussi par deux autres pèlerins (cf. Voyage à Constantinople du scribe Alexandre, 1393 (*Ibid.*, p. 164) ; Vie et pèlerinage du moine pécheur Zosime, 1419-1421 (*Ibid.*, p. 202-203).

drome conservait le portique, qui entourait, on le verra, une partie de l'arène.

Les pèlerins ont aussi admiré les Colonnes honorifiques de Justinien, d'Arcadius et de Constantin le Grand. Au sommet de cette dernière ils ont vu une croix ; la statue, qui la surmontait primitivement, avait été renversée, en 1105, par un vent violent soufflant du Sud. Dans la ville ils signalent d'autres colonnes, qui supportaient des statues [1]. Avec ses grands marchés [2], où les voyageurs slaves firent aussi de longues stations, Constantinople leur donne l'impression d'une ville immense et l'un d'eux, qui se souvient des forêts profondes de son pays, s'exprime ainsi : « A Constantinople on est comme dans un grand bois et on ne peut marcher sans un bon guide [3]. »

Au XIVe siècle, un Arabe, né à Tanger, Ibn Batoutah, fit un séjour à Constantinople au cours de ses longs voyages en Orient et en Extrême-Orient. Quand il entra dans la ville, dit-il, les habitants faisaient retentir les cloches, de sorte que les cieux furent ébranlés par le bruit mélangé de leurs sons. Les gens lui dirent : « Les Sarrasins, les Sarrasins ! mot qui désigne chez eux les Musulmans. » Sur la Corne d'Or il n'a pas vu de pont en pierre ; « maintenant, dit-il, on passe l'eau dans des barques ». Ainsi le pont, qui avait été coupé par les Grecs au XIIIe siècle, lors de l'attaque de la ville par les Croisés, et qui avait été

---

[1] Cf. Étienne de Novgorod (*Ibid.*, p. 115, 118-119) ; Zosime (*Ibid.*, p. 202-203) ; Description de Constantinople (*Ibid.*, p. 228, 238) ; cf. Unger, *op. cit.*, p. 154 ; Th. Reinach (Revue des Etudes grecques, t. IX, 1896, p. 71).

[2] Cf. Description de Constantinople (*Ibid.*, p. 233).

[3] Cf. Étienne de Novgorod *Ibid.*, (p. 125).

réparé par ceux-ci [1], ne reliait plus les deux rives du grand port. Ici le voyageur a vu « environ cent navires, tels que galères et autres gros bâtiments. Quant aux petits, ils ne peuvent être comptés à cause de leur multitude. »

Les marchés et les rues sont larges et pavés de dalles de pierre. « Les gens de chaque profession y occupent une place distincte qu'ils ne partagent avec ceux d'aucun autre métier. Chaque marché est pourvu de portes que l'on ferme pendant la nuit. » Le « marché des écrivains » situé près de Sainte-Sophie, est formé d'un « berceau très haut sur lequel s'étendent des ceps de vigne et, dans le bas, des jasmins et des plantes odoriférantes ». On y voit des estrades et des boutiques, la plupart en bois, où siègent les juges et les écrivains des bureaux de la trésorerie. Au milieu de ces boutiques s'élève une coupole en bois, où se trouve un grand siège recouvert de drap sur lequel s'assied le juge. C'était un vieillard avec une belle figure et une chevelure superbe, portant l'habit des moines, en gros drap noir. Il avait devant lui environ dix écrivains occupés à écrire. Lorsqu'il aperçut le voyageur arabe, il se leva ainsi que ses employés et lui dit : « Tu es l'hôte du roi et il convient que nous te traitions avec honneur ». Il lui posa des questions sur Jérusalem, la Syrie et l'Égypte. Pendant la conversation une foule considérable s'était amassée autour d'eux. A la fin le juge lui dit : « Il faut absolument que tu viennes dans ma maison et je t'y traiterai. » Et Ibn Batoutah ajoute un peu malicieusement : « Je le quittai et ne le revis plus. »

---

[1] V. plus haut p. 38.

Près de cette coupole s'étendait un autre marché, celui des « droguistes ». Le voyageur ne vit pas l'in-

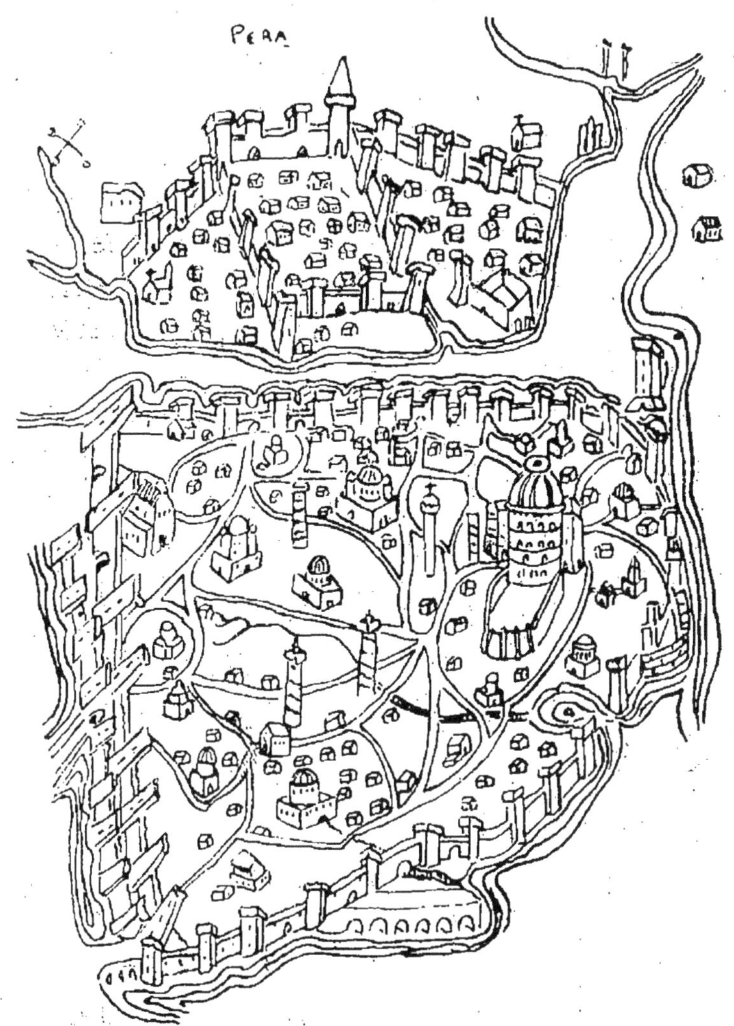

Fig. 8. Constantinople d'après le plan de Buondelmonti conservé à Venise.

térieur de Sainte-Sophie, mais il en décrit les abords, qui devaient être très pittoresques. A la porte de l'église, sur des bancs sont assis les gardiens, qui ont la charge de balayer le sol, d'allumer les lampes et de fermer les portes. Ils ne permettent à personne d'y entrer, avant de s'être agenouillé devant la croix, placée au-dessus de la porte. Le musulman ne voulut pas se conformer à ce rite, car il ajoute plus loin : « Quiconque entre dans une église doit absolument se prosterner devant la principale croix; c'est là une chose prescrite par les anciens et qu'on ne peut transgresser. » Il a pénétré cependant dans deux monastères, situés près de Sainte-Sophie, et entourés de cellules. Nombreux sont les édifices de cette espèce, ajoute-t-il. Aussi une grande partie de la population est-elle composée de « moines, religieux et prêtres ». Les églises étaient, en effet, innombrables[1].

Dans les dernières années du XIVe siècle ou dans les premières du XVe, un Munichois, Johann Schiltberger, eut l'occasion de visiter la capitale byzantine dans les mêmes circonstances, qui avaient amené à Constantinople, au IXe siècle, l'Arabe Ibn ben Iahja[2]. Il avait été fait prisonnier par les Turcs à la bataille de Nicopolis, en 1396, et fut retenu en captivité jusqu'en 1427. Dans son livre de voyage il raconte ce qu'il a vu « peut-être pas d'une manière complète, dit-il, car j'étais captif ». Il ne dit rien du palais des Blachernes, mais il s'extasie devant celui qui s'étend près de l'Hippodrome. Près de l'entrée de ce grand Palais se dressait toujours, majestueuse, la Colonne de Justinien; mais la statue équestre était un peu endommagée : la pomme en or que l'empereur tenait dans la

---

1 Cf. *Voyages d'Ibn Batoutah* texte et traduction par C. Defrémery et B. R. Sanguinetti, t. II, Paris, 1854, p. 425, 431-438, 440, 442-444.

2 V. plus haut, p. 28.

main, était tombée. A Sainte-Sophie il a remarqué la couverture en plomb, la clarté et la propreté de l'intérieur, avec ces murs recouverts de marbre « où l'on peut se voir comme dans un miroir ». On ne peut trouver, ajoute-t-il, un monument qui la surpasse en beauté, même dans l'Inde, que Schiltberger avait aussi parcourue[1].

Au début du xve siècle arrivent plusieurs personnages de marque. C'est d'abord l'ambassadeur castillan Ruy Gonzalez de Clavijo, qui se rendait de Cadix à Samarcande. Il quitte l'Espagne le 21 mai 1403 et, après un séjour en Sicile, à Rhodes et dans d'autres îles de l'Archipel, il arrive à Constantinople dans les derniers jours de la même année. L'ambassade est reçue par Manuel II Paléologue, le dimanche 28 octobre. Les envoyés partirent de Péra, où ils avaient leur logement, traversèrent en barque la Corne d'Or. Au débarcadère ils montèrent à cheval pour se rendre au palais des Blachernes. L'empereur, entouré de l'impératrice et de ses enfants, leur ménagea un excellent accueil. Après une conversation assez longue, il les congédia et leur envoya en présent un grand cerf, qu'on venait de lui apporter.

---

[1] Cf. *Reisen des Johannes Schiltberger aus München in Europa, Asia und Afrika von 1394 bis 1427*, édit. K. F. Neumann, Fallmerayer et Hammer-Purgstall, Munich, 1859, p. 51, 136-137; cf. Ph. Bruun, *Geographische Bemerkungen zu Schiltberger's Reisen* (Sitzungsberichte der König. bayer. Akademie der Wissenschaften, 1869, t. II, p. 271 s.). J. Buchan Telfer et P. Bruun ont publié, en 1879, dans la collection de l'Hakluyt Society, t. 58, une traduction anglaise des voyages de Schiltberger. Ce livre fut accueilli avec le plus vif intérêt et eut plusieurs éditions; cf. Ch. Schefer, *Petit Traicté de l'origine des Turcqz par Théodore Spandouyn Cantacasin*, Paris, 1896, p. XVI-XVII.

Le mardi suivant, 30 octobre 1403, les envoyés firent demander l'autorisation de visiter la ville. Le basileus donna l'ordre qu'on leur montrât gracieusement tout ce qu'ils désiraient et les fit même accompagner. La ville leur apparaît immense, mais peu peuplée. « Elle contient, dit Clavijo, beaucoup de collines et de vallons, où l'on voit des terrains labourés et des jardins. Ceux-ci renferment des maisons pareilles à des habitations de faubourg; et tout cela se trouve au centre de la ville. » Les quartiers les plus populeux sont ceux qui avoisinent la mer. Les portes, qui s'ouvrent sur le littoral, surtout celles qui sont vis-à-vis de Péra, sont pleines de mouvement; c'est là que l'on décharge les navires et que se font les transactions commerciales. Entre le mur d'enceinte et la mer se trouvent beaucoup de maisons où l'on vend les marchandises, et des magasins où sont déposées les denrées destinées à l'exportation. Une rue était occupée par les bureaux des changeurs.

Ainsi, dans les premières années du xve siècle, des maisons occupaient la bande de terrain plus ou moins large, qui s'étendait entre les murailles et la mer. Toute l'étendue du rivage de la Corne d'Or était habitée et formait, à cette époque, le quartier commerçant, le quartier vivant de la capitale. Si ces quartiers maritimes sont débordants de vie, d'autres sont presque morts. Beaucoup de maisons, d'églises et de monastères sont en ruine. Et l'ambassadeur castillan dit à ce propos : « Il est évident qu'autrefois, lorsque cette ville florissait, elle a dû être l'une des plus importantes du monde. »

Dans les églises Clavijo énumère les reliques et les tombeaux, comme un pèlerin du moyen âge, mais il

Photo. Sebah.

Fig. 9. Base de l'Obélisque de Théodose.

essaie de donner une idée de la disposition générale de l'édifice et de sa décoration. A Sainte-Sophie, il mentionne parmi les mosaïques des voûtes « l'image très révérée de Dieu le Père », sur le sol des nefs les grandes dalles en marbre multicolore, dans les galeries des mosaïques et des colonnes « en jaspe vert ». Autour de l'église beaucoup d'édifices étaient en ruine, et plusieurs des portes étaient même tombées.

Un autre jour on montre aux Espagnols l'Hippodrome, « où avaient lieu quelquefois des joutes et des tournois ». Cette « plaine » était entourée de gradins très élevés et réservés au bas peuple ; « puis venaient de grandes maisons avec des portes donnant sur la place, dans lesquelles les chevaliers se couvraient de leurs armes et où ils les déposaient après s'en être servis dans les joutes et les tournois. » Le Cirque était clos, du côté de la mer, par trente-sept colonnes de marbre blanc, reliées par des arcs et formant une colonnade circulaire, dont la partie supérieure était garnie de balustrades. En face de cette colonnade était une rangée de colonnes, et « à trente ou vingt pas de là une plate-forme sur quatre piliers en marbre », sur laquelle étaient disposés un trône en marbre blanc et des sièges destinés à l'empereur et à sa suite.

Entre ces deux séries de colonnes, situées vis-à-vis l'une de l'autre, Clavijo signale une « pierre fuselée encore plus aiguë dans sa partie supérieure » et reposant sur quatre dés en bronze. « Aussi c'est merveilleux de voir comment une si grande pièce de pierre, si haute et si mince, avait pu être hissée et placée là, et par quelle force et intelligence humaines cela avait pu être fait, puisque de la mer on la voit avant la ville. » Cette pierre fuselée, sur laquelle Clavijo a vu une inscription, qu'il n'a pu lire, était l'Obélisque de Théodose (fig. 9). Un peu plus loin se dressaient d'autres colonnes, « couvertes de sujets sculptés et peints, représentant les exploits des chevaliers et des gentilshommes de ce temps », et celle formée de trois serpents «entortillés avec trois têtes distinctes ayant la gueule ouverte[1] ».

Fig. 10. Relief de Porphyrios, (côté est).

Sur la *spina* du Cirque se dressaient donc, outre les Obélisques et la Colonne serpentine, d'autres colonnes historiées. Parmi celles-ci une seule a été conservée; elle se trouve actuellement dans la cour de Sainte-Irène, où l'on peut voir encore, sculptés sur les quatre faces d'une haute stèle

[1] Cf. Ph. Bruun, *Constantinople, ses sanctuaires et ses reliques au commencement du* XVe *siècle. Fragment de l'Itinerario de Clavijo*, Odessa, 1883, p. 4, 9-13, 21-22. Clavijo a vu aussi près de Sainte-Sophie la Colonne de Justinien « avec un plumet énorme sur sa tête, ressemblant à la queue d'un paon ». Ce récit de l'ambassadeur castillan a été traduit en anglais par Clements R. Markham, et publié, en 1859, dans la collection de l'Hakluyt Society, t. 26.

de marbre blanc, les exploits du cocher Porphyrios [1] (fig. 10, 11).

A l'extrémité de l'Hippodrome, du côté de la mer, subsistait, en 1403, le portique, signalé au même moment par l'Anonyme russe [2]. Cette colonnade, qui comptait encore trente-sept colonnes, s'élevait donc sur le grand mur de soutènement circulaire, qui termine aujourd'hui l'Hippodrome. Du côté opposé, c'est-à-dire en tête du Cirque, se dressait une autre rangée de colonnes, devant laquelle se trouvait l'emplacement où l'empereur assistait aux jeux.

A la même époque, au début du xve siècle, un Florentin, Christophore Buondelmonti, quittait sa ville natale pour se rendre à Rhodes, où il séjourna plusieurs années [3]. Après avoir parcouru les îles de l'Archipel, il arrive à Constantinople. Sa description marque un progrès sensible dans la connaissance de la capitale, au même titre que celle de Clavijo. Sur les rives de la Marmara il a vu des choses fort intéressantes : « en dehors du mur maritime, une petite plaine où se trouvait autrefois un port appelé Vlanga. » C'était l'ancien port d'Éleuthère et de Théodose, qui est occupé aujourd'hui par des jardins potagers (Vlanga Bostan). Il était défendu par un mur, qui

---

[1] Cf. J. Ebersolt, *A propos du relief de Porphyrios* (Extrait de la Revue archéologique, 1911, II, p. 2 s.). Il existait certainement d'autres ἡνιοχευτικαὶ στῆλαι σὺν ταῖς βάσεσιν αὐτῶν ταῖς ἐνιστόροις : cf. Th. Preger, *Scriptores originum Constantinopolitanarum*, t. II, Leipzig, 1907, p. 191.

[2] V. plus haut, p. 42.

[3] L'ouvrage de Buondelmonti fut envoyé, en 1420, au cardinal Giordano Orsini. Le voyageur était encore en juin 1419 à Andros ; cf. E. Legrand, *Description des îles de l'Archipel par Chr. Buondelmonti*, Paris, 1897, p. XXI s., XXVI.

entourait le bassin, et par deux tours[1]. Non loin de là un autre port avec un chantier maritime, que Buondelmonti appelle Condoscali, était l'ancien port de Contoscalion[2]. Dans le voisinage de la « Maison de Justinien », sur une éminence près de la mer, une vigie d'une hauteur colossale s'était écroulée de vétusté dans la mer. C'était un phare, qui indiquait aux navires venant de la Marmara l'entrée du grand port[3]. Tout près un petit port, réservé à l'empereur, était le port du Boucoléon, le port du Grand Palais[4].

En ce temps le port de Vlanga était ensablé; le Phare s'était écroulé; les rives de la Marmara avaient l'aspect des choses qui passent. Ce quartier maritime, qui autrefois avec ses ports et ses môles devait être très vivant, était déjà mort au début du xve siècle. La vie commerciale, avec son mouvement de navires et de gens affairés, avait émigré sur les bords de la Corne d'Or. Cependant les jetées, qui protégeaient ces ports, existaient encore. Elles sont visibles sur le plan que Buondelmonti a inséré dans son ouvrage et qui est connu par plusieurs exemplaires[5] (fig. 8).

---

[1] Cf. Unger, *op. cit.*, p. 265-266 ; A. van Millingen, *op. cit.*, p. 296, 298; Mordtmann, *op. cit.*, p. 58-59 ; Zanotti, *op. cit.*, p. 24.

[2] V. plus haut, p. 42 n. 4.

[3] Cf. Unger, *op. cit.*, p. 266.

[4] V. plus haut, p. 42.

[5] Cf. Mordtmann, *op. cit.*, p. 44, 73. Ces anciens plans, qui sont plutôt des vues à vol d'oiseau, indiquent plus ou moins exactement l'emplacement des principaux édifices, mais en altérant presque toujours leur physionomie monumentale. Ce sont de curieux amalgames de fantaisie et de vérité. On doit les utiliser avec beaucoup de circonspection, car on ne peut discerner dans ces reproductions la part de l'observation originale, de l'érudition livresque et de l'imagination pure. Ainsi un de ces plans reproduit un certain nombre des monuments byzantins, mais omet plusieurs de ceux figurant sur celui de

A l'intérieur de la ville Buondelmonti a remarqué une rue à colonnades, conduisant à Sainte-Sophie et, près de cette église et de la statue équestre de Justinien, une rangée de six grandes colonnes, au delà desquelles, vers le sud, s'étend l'Hippodrome. Ces colonnes devaient être les derniers restes de la place, qui s'étendait sur le côté méridional de la Grande Église et devant le Grand Palais. Cette place de l'Augustéon avec les colonnades, qui la bordaient, les édifices, qui l'entouraient, formait autrefois un des plus beaux ensembles de la capitale[1].

Le voyageur florentin ajoute : « En tête de l'Hippodrome se dressent vingt-quatre colonnes, sur lesquelles prenaient autrefois place l'empereur et les grands dignitaires. Sur les deux côtés étaient des gradins de marbre destinés au peuple. » Le Cirque est divisé dans le sens de sa longueur par un mur peu élevé (la *spina*) sur lequel s'élèvent l'Obélisque de

---

Buondelmonti, bien qu'ils existassent encore (cf. Caedicius, *Ancien plan de Constantinople,* imprimé entre 1566 et 1574, Constantinople, s. d., p. 1-2). On trouve une liste assez complète de ces plans anciens dans E. Oberhummer, *Konstantinopel unter Suleiman dem Grossen aufgenommen im Jahre 1559 durch Melchior Lorichs aus Flensburg*, Munich, 1902, p. 18. On peut y ajouter un plan ressemblant à celui de Buondelmonti publié par A. du Pinet, *Plantz, pourtraitz et descriptions de plusieurs villes et forteresses,* Lyon, 1564, p. 246-247 ; et une vue, en couleurs, assez fantaisiste, insérée dans la *Notitia utraque cum Orientis tum Occidentis,* Bâle, 1552, fol. 3 v°. Ces plans, qui sont en réalité des vues perspectives, ne doivent pas être confondus avec les plans levés suivant les méthodes modernes. Sur ces plans v. E. Oberhummer, Art. Constantinopolis dans Pauly-Wissowa, *Real-Encyclopädie,* p. 1012-1013. On ajoutera à cette liste le plan de Constantinople au moyen âge composé d'après S. Vyzantios, Paspatis, Mordtmann, van Millingen, Gedeon et les recherches personnelles de E. M. Antoniadis, dans la récente publication de ce dernier, Ἔκφρασις τῆς Ἁγίας Σοφίας, t. I, Athènes, 1907, pl. 11.

[1] Cf. J. Ebersolt, *Le Grand Palais de Constantinople,* p. 14 s.

Théodose, l'Obélisque de pierre et « les trois serpents de bronze entrelacés ; de leurs gueules ouvertes sortaient, dit-on, de l'eau, du vin et du lait destinés aux combattants, mais seulement les jours où les joutes avaient lieu ». L'extrémité de la *spina* était encore occupée par quatre colonnes basses.

Fig. 11. Relief de Porphyrios (côté ouest).

L'intéressante observation sur la Colonne serpentine ne doit pas être prise à la lettre. Mais elle a été confirmée en partie par la fouille, qui fut faite au XIXe siècle au pied du monument. On mit à découvert une conduite d'eau, qui aboutissait à la Colonne. Celle-ci devait être utilisée comme fontaine à l'époque byzantine[1]. Les quatre colonnes basses signalées à l'extrémité de la *spina*,

[1] Cf. O. Frick, *Das plataeische Weihgeschenk zu Konstantinopel* (Jahrbücher für classische Philologie, III Supplementband, 1857-1860, p. 550).

sont sans doute l'édicule formé d'une plate-forme soutenue par quatre colonnettes, qui apparaît sur le bas-relief du socle de l'Obélisque de Théodose. On remarque aussi, aux deux extrémités de la carrière, les deux bornes (*metae*), qui sont un triple cône sur un soubassement circulaire [1] (fig. 9).

La description de Buondelmonti confirme et complète celle de Clavijo. En tête du Cirque, à l'endroit où l'empereur assistait aux jeux, se dressaient vingt-quatre colonnes, la « rangée de colonnes » signalée par l'ambassadeur castillan [2]. C'est donc du côté des *Carceres*, que s'élevaient la tribune impériale et le Cathisma [3].

Buondelmonti est encore surpris par la quantité de colonnes qui décorent la ville. Outre celles de Justinien, d'Arcadius et de Théodose (sur ces deux der-

---

[1] Cf. Ch. Texier, *Phialè ou fontaine de l'Hippodrome* (Revue Archéologique, 1845, t. II, 1, p. 145, pl. 28, 29). Sur ces reliefs on voit aussi les deux bornes formées d'un soubassement circulaire surmonté de trois cônes.

[2] V. plus haut, p. 50. La plate-forme signalée par Clavijo près de cette colonnade était l'endroit où l'empereur assistait aux jeux. Elle ne doit pas être confondue avec celle qui est représentée sur le bas-relief de l'Obélisque. Celle-ci apparaît, en effet, sur le mur de la *spina*, qui est figurée dans toute son étendue.

[3] Cf. J. Ebersolt, *op. cit.*, p. 13-14, 157 n. 2. La ligne des *Carceres* est bien déterminée sur une gravure ancienne reproduite par Onufrio Panvinio (Sur cette gravure v. plus bas p. 63). D'après Texier *loc. cit.*, p. 143) on voyait encore au milieu du siècle dernier les ruines des *Carceres* à la surface du sol du côté de la rue Divan. La loge impériale ne se trouvait donc pas comme à Rome sur une des longues lignes des gradins (cf. Daremberg et Saglio, *Dictionnaire des Antiquités*, Art. Circus, t. I, p. 1187 s.). Elle était située du côté des *Carceres*, c'est-à-dire du côté perpendiculaire à l'épine. La tribune impériale se trouvait peut-être non au centre, mais sur le côté du Cathisma (cf. J. Malalas, *Chronicon*, XIV, éd. Bonn, p. 351.352 ; L. de Beylié, *L'Habitation byzantine*, Paris, 1902, p. 111.)

nières étaient représentés les « hauts faits des empereurs »), il mentionne « une Colonne de la Croix, près de laquelle se dressent quatre colonnes de porphyre, qui portaient autant de chevaux dorés que les Vénitiens prirent et transportèrent jadis dans leur patrie et qu'ils placèrent dans l'église de Saint-Marc ». Près de l'église des Saints-Apôtres se dressait une autre colonne « dont le sommet porte un ange de bronze et l'empereur Constantin à genoux ». De ces œuvres d'art, une seule est restée intacte, ce sont les quatre chevaux de Saint-Marc, qui, d'après une tradition, avaient été rapportés de Chio par Théodose II (408-450) et qui furent placés à l'Hippodrome [1].

Quant aux églises, le voyageur florentin en signale quelques-unes brièvement. Il les a beaucoup admirées; mais il y en a tellement, dit-il, qu'il est difficile de les dénombrer. Il a vu spécialement l'église des Saints-Apôtres, qui, « déjà ruinée par le temps, renferme les somptueux tombeaux des empereurs taillés dans du marbre pourpre, notamment le vaste sarcophage de Constantin ». Les vastes citernes étaient aussi « réduites en ruine par le temps; dans chacune d'elles on avait planté des vignes [2] ».

---

[1] Cf. Th. Preger, *Scriptores originum Constantinopolitanarum*, t. II, Leipzig, 1907, p. 190; O. M. Dalton, *Byzantine Art and Archaeology*, Oxford, 1911, p. 125. Sur l'emplacement des piliers des chevaux de bronze v. plus bas.

[2] Cf. E. Legrand, *op. cit.*, p. 85-89. Cette version grecque, publiée d'après un manuscrit du Sérail, améliore le texte du *Liber insularum Archipelagi* publié par L. de Sinner, Berne, Leipzig, Berlin, 1824. Les seize phototypies placées à la fin de l'édition Legrand, dont l'une est une vue cavalière de Constantinople, sont empruntées à un manuscrit latin de la Bibliothèque nationale, contenant le texte du *Liber insularum*. La description de Constantinople par Buondelmonti se trouve aussi dans l'édit. de Bonn, à la suite de J. Cinname et de Nicéphore Bryennios, p. 179 s.

Ainsi des motifs de piété ne conduisent plus seuls en Orient les voyageurs. Les uns y sont attirés par le désir de voir et de s'instruire. D'autres y viennent aussi pour des raisons politiques. C'est ainsi que Messire Ghillebert de Lannoy, seigneur de Santes, de Villerval, de Tronchiennes, de Beaumont et de Wahégnies, fit, de 1403 à 1408, un voyage de pèlerin et de gentilhomme en Orient, dans la suite du sénéchal de Hainaut. En 1421, il y retourne, chargé d'une mission politique par le duc de Bourgogne, Philippe le Bon, par le roi d'Angleterre, Henri V, et par Charles VI, roi de France. Au cours de son premier voyage il était allé déjà « en Constantinoble, devers l'empereur ». Pendant son second séjour il voit encore Manuel II Paléologue, qui lui montre, outre les « dignes reliques », « les merveilles et anciennetés de la ville et des églises ». Il est regrettable qu'il n'ait pas insisté davantage sur ces dernières dans ses mémoires, les *Voyages et Ambassades*, où il fait preuve de qualités d'observation et de netteté [1].

Quelques années plus tard Bertrandon de la Broquière, premier écuyer tranchant et conseiller de Philippe le Bon, duc de Bourgogne, reçoit une mission diplomatique. A son retour, il est invité par son maître à rédiger la relation de son voyage, dont il lui fait hommage en 1457. Bertrandon s'embarque à Venise, en 1432, et débarque à Jaffa avec plusieurs pèlerins. Il se rend à Jérusalem et au mont Sinaï. Puis, traversant la Syrie et l'Asie Mineure, il arrive à Cons-

[1] Cf. Ch. Potvin, *Œuvres de Ghillebert de Lannoy, voyageur, diplomate et moraliste*, Louvain, 1878, p. XI s., 11, 65 ; cf. Ch. Schefer, *Le Voyage de la sainte cité de Jérusalem*, Paris, 1882, p. II s.

tantinople. Il quitte la capitale le 23 janvier 1433 et revient en Bourgogne par la route de terre : Andrinople, Philippopoli, Belgrade, Bude, Vienne et la Bavière.

A Constantinople, l'envoyé de Philippe le Bon est reçu par Jean VIII Paléologue, qui le fit questionner sur « la Pucelle », sur Jeanne d'Arc, dont la renommée était parvenue jusqu'en Orient. Bertrandon décrit ainsi l'aspect général de la ville : « Et est ceste cité cy faicte par villaiges et y a beaucop plus de vuyde que de plain. » La ville était donc formée à cette époque d'agglomérations, séparées par de grands espaces cultivés. Le voyageur a vu sur les bords de la Marmara « ung petit havre pour mettre III ou IIII galées du costé du midi, assés près d'une porte ». Il s'agit du port du Boucoléon, signalé déjà par d'autres pèlerins[1]. Près de Saint-Sophie, la « maistresse eglise » dont il admire « les portes d'airain haultes et larges, les pilliers gros et de plusieurs couleurs », il a vu la Colonne de Justinien, qu'il iden tifie à tort avec celle de Constantin, sur « ung moult hault pillier de pierres quarrées où il y a des lettres escriptes ». Ainsi la statue équestre portait sur sa base quadrangulaire une inscription, qui avait échappé aux autres voyageurs[2].

Près de cette Colonne se dressaient d'autres piliers, qui supportaient autrefois les chevaux de bronze « lesquelz sont maintenant à Venize ». Les piliers des chevaux de Saint-Marc, qui se trouvaient au

---

[1] V. plus haut, p. 42, 53.
[2] V. plus haut, p. 30.

ve siècle à l'Hippodrome, avaient été transportés dans le voisinage de Sainte-Sophie[1].

Dans les églises qu'il visite, Saints-Apôtres, Pantocrator, Blachernes, le missionnaire du duc de Bourgogne énumère les « sainctes reliques », dans le style savoureux, frais et naïf des anciens conteurs. Et il termine modestement sa relation en ces termes : « S'il n'est si bien dict que autres le pourraient bien faire, je supplie qu'il me soit pardonné »[2].

Quelques années avant la date fatale de 1453, Constantinople recevait la visite d'un Français, Gilles le Bouvier, dit Berry, premier roi d'armes de Charles VII. Sa description est très succincte : « Constantinoble est assise sur la mer, et viennent marchans de tous païs chargier et deschargier. En icelle cité a une moult belle église nommée Saincte-Soufie de Constantinoble, qui est toute de marbre »[3].

Un Russe Nestor-Iskander, qui se trouvait à Constantinople en 1452-1453, a écrit le récit de la fondation de la ville par Constantin et de la prise de la « Nouvelle Rome », comme il l'appelle, par les Turcs. S'il s'étend avec complaisance sur les icones et les reliques, il ne fait guère que citer les noms de quelques églises célèbres. Mais il a vu le Grand Palais, l'Hippodrome et surtout deux portiques (δύο ἐμβόλους) et d'autres « rues couvertes pour le commerce[4] ».

---

[1] V. plus haut, p. 57.

[2] Cf. Ch. Schefer, *Le Voyage d'outremer de Bertrandon de la Broquière,* Paris, 1892, p. XV s., 1 s., 152-154, 159-167, 170, 261.

[3] Cf. E. T. Hamy, *Le Livre de la description des Pays de Gilles le Bouvier, dit Berry,* Paris, 1908, p. 5, 9, 93.

[4] Cf. Léonid, *Povjest o tsargradje, ego osnovanij i vzjatij Turkami v 1453 godu, Nestora-Iskandera XV vjeka (Pamjatnik drevnej pismennosti,* Pétersbourg, 1886, p. IV, 1 s., 4 s.)

*
* *

Constantinople a exercé au moyen âge une puissante force d'attraction. Elle attire à elle les pèlerins, qui, poussés vers l'Orient par la foi religieuse, attachent la plus grande importance aux objets du culte et ne se lassent pas d'énumérer les reliques. Les pages de ces écrivains évoquent surtout le tableau de la ville mystique, dont ils subissent le prestige. Que l'auteur soit simple pèlerin ou chevalier de la Croisade, toujours il est crédule et sincère: son âme naïve et simple se réfléchit dans son récit comme dans un miroir.

On rencontre aussi des voyageurs, qui ne se contentent pas de visiter les sanctuaires, mais qui tournent leurs regards vers les autres monuments. Ils viennent en Orient soit pour faire des découvertes et élargir l'horizon de leur savoir, soit pour des raisons politiques. Ces auteurs ne sont pas non plus des artistes; ils n'ont pas l'habileté à manier la plume nécessaire pour donner du relief à leurs descriptions; ils ne savent pas évoquer chez le lecteur l'image des choses qu'ils ont vues. Certes, ces voyageurs ne sont pas tous insensibles à la beauté; ils ne sont pas tous atteints de cécité pittoresque. Mais ceux-là mêmes qui s'enthousiasment, se bornent à consigner leur opinion en quelques phrases. Ils formulent un jugement plutôt qu'ils ne traduisent une émotion ou une sensation. La poésie des formes et des couleurs ne les touche pas assez.

Cependant, si leur esprit brumeux ne parvient pas à donner une vision nette des choses, ils fournissent des renseignements précieux sur les monuments disparus. Et surtout ils donnent l'impression générale de la ville, telle qu'elle apparaissait à leurs yeux. Ils évoquent le tableau de la cité puissante, magnifique et débordante de vie. Elle aime garder ses trésors, qu'elle a réunis au prix de bien des sacrifices; elle sait veiller sur eux avec un soin affectueux et intelligent. Mais elle permet à tout pèlerin, qu'il vienne de l'Orient ou de l'Occident, d'en jouir et de rapporter dans son pays la vision des églises et des palais répandus sur ses sept collines et l'image de ses murailles roussâtres, baignées par les flots bleus de la Corne d'Or et de la Marmara.

Cette ville présentait au moyen âge de singuliers contrastes. Au XIIe siècle, alors qu'elle n'avait pas encore subi l'assaut des Croisés, au moment où elle était dans tout son épanouissement, on y voyait de grands espaces cultivés, qui donnaient à certains quartiers l'aspect d'un grand village. Ailleurs des rues malpropres longeaient les maisons des riches. Constantinople était bien une ville du moyen âge, avec des splendeurs, des monuments où se résumait toute l'activité artistique d'un grand peuple, des places où se dressaient des Colonnes triomphales, des rues à colonnades, larges et pavées de dalles, — mais avec des misères, des ruelles obscures et immondes. Si certains quartiers étaient d'une propreté parfaite, et bien aérés par de larges voies, d'autres, comme celui des tanneurs, étaient d'une saleté repoussante.

Chaque corps de métier avait sa place distincte, son quartier, avec des portes que l'on fermait, la nuit venue, par crainte des voleurs. Les quartiers les plus peuplés étaient, déjà au Xe siècle, d'après Maçoudi, ceux du littoral. La plupart des voyageurs ont insisté, en effet, sur la prodigieuse activité maritime et commerciale de ce grand port de mer, avec sa population cosmopolite, ses rues commerçantes, ses débarcadères et ses ports nombreux, ses comptoirs et ses entrepôts, installés par toutes les nations dans le quartier spécial, qui avait été concédé à chacune d'elles.

La prise de Constantinople par les Croisés porta un coup très sensible à la capitale. Les voyageurs du XIVe siècle et ceux du début du XVe signalent à l'intérieur de la ville beaucoup de maisons et d'églises en ruine. Le centre de la ville se dépeuple; certains quartiers sont morts; mais les quartiers maritimes sur la Corne d'Or sont toujours surpeuplés et débordants de vie. Sur le littoral de la Marmara, par contre, les ports s'ensablent, le Phare s'écroule. Les vastes citernes à ciel ouvert ne sont plus entretenues; elles sont plantées de vignes. L'église des Saints-Apôtres a subi, au début du XVe siècle, les atteintes du temps. Sainte-Sophie elle-même est entourée de ruines, et plusieurs de ses portes sont tombées. De la place de l'Augustéon il ne reste que quelques vestiges, du Grand Palais que des ruines. Si l'Hippodrome conserve dans les premières années du XVe siècle ses portiques, ses gradins, sa *spina* sur laquelle se dressent, outre les monuments triomphaux, des colonnes supportant des statues, il est, quelques années avant 1453, dans un état de profonde dégradation, dont une vue ancienne, reproduite par Onufrio Panvinio de Vérone (1529-1568), donne une idée d'ensemble[1].

[1] Cette gravure fut reproduite en premier lieu par Panvinio dans son traité *De ludis circensibus*, qui est inséré dans G. Graevius, *Thesaurus antiquitatum romanarum*, t. IX, Lugd. Batavor., 1699,

Bien peu des œuvres d'art, qui avaient été accumulées dans la célèbre arène, subsistaient au milieu du xve siècle. Les pèlerins du moyen âge ont signalé beaucoup de statues d'hommes, de femmes, d'animaux, et l'on sait par les sources byzantines la richesse de cette collection de statues, qui avaient transformé le Cirque en un véritable musée[1]. Le pillage de la ville en 1204 ne contribua point à conserver à Byzance la suprématie dans le domaine de l'art. Les Croisés n'épargnèrent pas plus les statues de l'Hippodrome que les autres œuvres d'art disséminées dans toute la ville[2]. Les grands battants de la Porte Dorée, qui, d'après Maçoudi, étaient en bronze, d'après Edrisi, en fer recouvert de lames d'or, durent disparaître aussi à cette époque. La ville fut dépouillée en partie de sa plus belle parure. Mais elle conservait toujours son aspect du moyen âge, que les voyageurs ont révélé, et surtout des édifices de première importance, qui étaient destinés aussi, hélas! à disparaître en d'autres temps.

---

col. 226, 261. Elle fut ensuite insérée par Banduri dans son *Imperium orientale,* t. II, Paris, 1711, p. 664. Cette gravure provenait d'une ancienne topographie de Constantinople. Le dessin, exécuté par un inconnu, représente l'Hippodrome tel qu'il existait un peu avant la prise de la ville par les Turcs. Le titre de la gravure contient une erreur. D'après ce titre l'original aurait été exécuté cent ans avant la prise de Constantinople par les Ottomans. En réalité le dessin date des environs de 1450 et non des environs de 1350, comme le prétend E. A. Grosvenor, *Constantinople,* t. I, Londres, 1895, p. 347, et comme l'indique après lui L. de Beylié, *L'Habitation byzantine,* Paris, 1902, p. 57, qui a reproduit la gravure.

[1] Cf. Unger, *op. cit.*, p. 317 s.

[2] Cf. Nicétas Choniates, *De signis Constantinopolitanis,* éd. Bonn, p. 859 s.

CHAPITRE II

Les Voyageurs du Levant pendant la Renaissance (du milieu du XVe siècle au milieu du XVIe siècle)

Mohammed II et les artistes italiens : Matteo de' Pasti ; Gentile Bellini, son activité à Constantinople. Les attardés du moyen âge : le pèlerin Arnold von Harff, l'Anonyme vénitien. Une pléiade d'explorateurs ; les premières investigations : Jérôme Maurand, Pierre Gylli, André Thevet, Guillaume Postel, Pierre Belon. L'ambassadeur Gabriel d'Aramon ; ses secrétaires et attachés : Jehan Chesnau, Jaques Gassot, Nicolas de Nicolay. L'artiste Pieter Koeck van Aalst. — L'Hippodrome avant 1550 ; la statue d'Hercule ; le grand portique circulaire. Autres œuvres d'art subsistant à cette époque et disparues depuis.

Lorsque, le 30 mai 1453, Mohammed II eut pénétré dans la ville par la brèche ouverte dans la vieille muraille byzantine [1], son premier acte fut de se rendre à Sainte-Sophie pour en prendre possession. La Grande Église était, en effet, comme l'emblème de l'empire

[1] L'histoire de la prise de Constantinople par les Ottomans a fait l'objet de plusieurs travaux. Le plus récent est celui de M. G. Schlumberger, *Le siège, la prise et le sac de Constantinople par les Turcs en 1453,* Paris, 1914.

d'Orient, le sanctuaire qui attirait à lui les hommes de toutes les parties du monde, qu'ils fussent chrétiens ou musulmans. Qu'allait devenir la ville sous le joug turc? Les vainqueurs, dans leur rage de destruction, allaient-ils anéantir d'un seul coup l'œuvre de tant de générations? Les hommes ne peuvent rayer des annales de l'histoire un pays, qui a derrière lui des siècles de culture. Les monuments, qui échappent à la destruction, sont toujours là comme des témoins muets, évoquant malgré tout un passé qu'on ne peut effacer. Si Sainte-Sophie est convertie en mosquée, elle n'en reste pas moins l'église de Justinien. Si Constantinople a passé en d'autres mains, elle restera toujours pour l'homme averti la capitale des Césars byzantins ; et les voyageurs viendront jusqu'à la fin des siècles y chercher les vestiges d'un passé, qui ne fut ni sans gloire ni sans grandeur.

Malgré les difficultés d'un long voyage, qui jusqu'aux temps modernes présentait toujours des dangers par suite de l'insécurité des routes maritimes et terrestres, malgré les difficultés qu'on éprouvait de la part des autorités, qui veillaient avec un soin trop jaloux sur les monuments, ceux qui voyagent par désir de savoir sont de plus en plus nombreux. Le grand souffle de la Renaissance passe sur l'Europe. Les hommes du XVIe siècle sont animés du désir de connaître ce jeune empire ottoman, ces mœurs musulmanes, si différentes des leurs. Mais ils recherchent aussi les souvenirs de l'âge précédent. Un fait nouveau apparaît. Constantinople devient un centre d'attraction pour les artistes. Et la liste est longue des peintres, qui sont venus chercher l'inspiration sur les rives du Bosphore. Si leurs dessins évoquent surtout les souvenirs de l'ancienne Turquie, ils ont parfois mis à profit leur séjour pour dessiner les monuments anciens, épars dans la ville turque.

Un des premiers artistes qui vint à Constantinople est Matteo de' Pasti de Vérone, qui travailla sous le règne de Mohammed II ; mais ses œuvres ne sont point connues[1]. Plus favorisé que le peintre et médailleur de Vérone, Gentile Bellini quitte Venise le 3 septembre 1479, débarque à Constantinople vers la fin du mois et y reste jusqu'aux derniers jours de l'année 1480. Il fit le portrait et la médaille du sultan, dont l'authenticité est certaine[2]. Le peintre vénitien avait sous les yeux de remarquables spécimens de l'art byzantin. Et, comme il était honoré de l'amitié du sultan, qui devait lui faciliter le travail et les études en plein air, on lui a attribué, sans raison bien certaine, des dessins plus ou moins fidèles d'une Colonne impériale, qui serait la Colonne de Théodose d'après les uns, la Colonne d'Arcadius d'après les autres[3].

---

[1] Cf. L. Thuasne, *Gentile Bellini et Sultan Mohammed II*, Paris, 1888, p. 10-12 ; Th. Wiegand, *Der Hippodrom von Konstantinopel zur Zeit Suleimans d. Gr.* (Jahrbuch des Kaiserlich deutschen archaeologischen Instituts, t. XXIII, 1908, p. 4).

[2] Cf. L. Thuasne, *op. cit.*, p. 13 s., 46. Les dessins du Musée britannique reproduits dans cet ouvrage, ne paraissent pas avoir été exécutés par Bellini. A. Venturi les attribue à Pinturicchio ; cf. L. Dorez, *Itinéraire de Jérôme Maurand d'Antibes à Constantinople*, Paris, 1901, p. LVII. On attribue aussi à Gentile Bellini une miniature représentant un Turc assis et écrivant ; cf. F. Sarre (Jahrbuch der Königlich preussischen Kunstsammlungen, t. XXVII, 1906, p. 302 ; t. XXVIII, 1907, p. 51 s.).

[3] V. plus haut, p. 22, 40. On sait que le Musée du Louvre possède les dessins d'une colonne, dont une copie est conservée à la Bibliothèque de l'École des Beaux-Arts. Ces dessins passent pour reproduire un original exécuté, suivant une tradition, par Gentile Bellini.

Parmi les voyageurs de la Renaissance, il y a encore des attardés du moyen âge. Tel le chevalier Arnold von Harff de Cologne, qui, de 1496 à 1499,

---

Il subsiste bien des incertitudes au sujet de cette attribution, qui repose sur une hypothèse émise par le P. Menestrier. Celui-ci publia ces dessins au XVIIIe siècle, mais personne avant lui n'avait prononcé le nom de l'artiste vénitien. Les dessins que C. F. Menestrier avait publiés sous le titre *Columna Theodosiana quam vulgo historiatam vocant, ab Arcadio imperatore Constantinopoli erecta in honorem imperatoris Theodosii junioris a Gentile Bellino delineata, nunc primum aere sculpta et in XVIII tabulas distributa,* Paris, 1702, ont été reproduits par Banduri, *Imperium orientale,* t. II, Paris, 1711, p. 507, 508. Ce dernier a reproduit aussi *(ibid.,* p. 583) sous le nom de *Columna historiata,* une vue d'ensemble d'une colonne, qui avait été d'abord publiée par du Cange, *Constantinopolis christiana,* Paris, 1680, p. 78-79. Le dessin original en avait été communiqué à Du Cange par Claude Molinet, chanoine de Sainte-Geneviève à Paris. Dans cette gravure, dont la valeur documentaire est nulle, les uns reconnaissent la Colonne de Théodose, les autres celle d'Arcadius. De toutes manières ce dessin est suspect et paraissait déjà tel à Banduri, qui ne put en retrouver l'original. Quant aux dessins attribués à Gentile Bellini, s'ils paraissent avoir une certaine valeur, les identifications d'édifices anciens proposées par le P. Menestrier sont tout à fait fantaisistes. L'architecture en est de plus toute romaine. Elle prend au contraire un aspect médiéval sur le dessin d'un artiste anonyme provenant de la collection Roger de Gaignières et conservé à la Bibliothèque nationale. Si ce dessin, publié par Geffroy, représente réellement la Colonne d'Arcadius, la question concernant les autres dessins ne pourra être élucidée que lorsque les originaux auront été retrouvés. Cf. E. Müntz, *La Colonne Théodosienne à Constantinople* (Revue des Etudes grecques, t. I, 1888, p. 318 s.); F. W. Unger, *Ueber die vier Kolossal-Säulen in Constantinopel* (Repertorium für Kunstwissenschaft, t. II, 1879, p. 121, 123 s.); *Quellen der byzantinischen Kunstgeschichte,* Vienne, 1878, p. 171, 183 s.; Th. Reinach, *Commentaire archéologique sur le poème de Constantin le Rhodien* (Revue des Etudes grecques, t. IX, 1896, p. 75 s.); L. Thuasne, *op. cit.,* p. 41 s.; J. Strzygowski, *Die Säule des Arkadius in Konstantinopel* (Jahrbuch des Kaiserlich deutschen archaeologischen Instituts, t. VII, 1892, p. 243, 247); A. Geffroy, *La Colonne d'Arcadius à Constantinople* (Monuments et Mémoires publiés par l'Académie des Inscriptions et Belles-Lettres, t. II, 1895 p. 100 s., 114 s., 121 s.).

accomplit un pèlerinage en Orient. Constantinople lui apparaît comme une « grande et puissante ville », entourée de murs solides. A Sainte-Sophie, il est frappé par le nombre considérable des portes en métal, par la couverture en plomb des toitures, par l'absence de tout autel, et par les images de saints détruites [1]. Cette première constatation de destruction systématique fut faite sous le règne de Bayezid II (1481-1512), le successeur de Mohammed II.

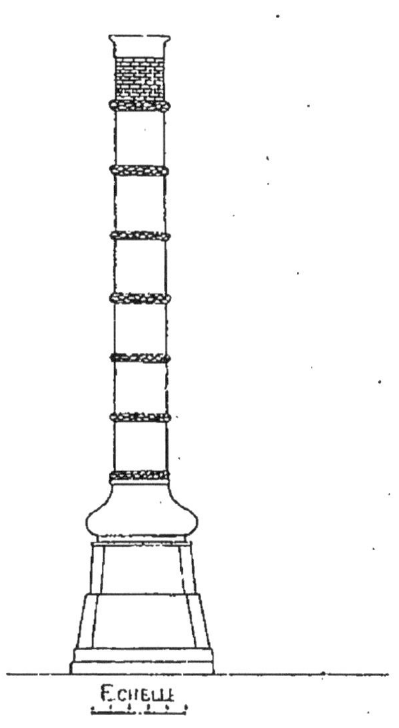

FIG. 12. Colonne en porphyre de Constantin.

Vers 1543, un Vénitien longeait les côtes de l'Adriatique et débarquait à Raguse, d'où il gagnait à cheval Sofia et Philippopoli pour atteindre la capitale de Suleïman II le Magnifique (1520-1566). Très intéressé par les choses turques, surtout par la cour et le gouvernement du célèbre sultan, il donne néanmoins quelques renseignements sur la ville et ses monuments anciens. La cité est pleine de maisons, la plupart en argile et en bois ; quelques-unes sont en pierre. Elle est remplie de bosquets et d'endroits inhabités où croissent des cyprès et d'autres arbres. Le Vénitien visite le palais de l'empereur Constantin,

[1] Cf. E. von Groote, *Die Pilgerfahrt des Ritters Arnold von Harff von Cöln,* Cologne, 1860, p. 203, 204, 208.

qui est en partie ruiné. Ce palais, qui sera signalé plus tard par de nombreux voyageurs et sera attribué par eux sans raison à Constantin, est la ruine connue sous le nom de Tekfour-Séraï[1]. Elle n'était pas alors dans l'état de délabrement où elle se trouve aujourd'hui. Et les voyageurs donneront, on le verra, des indications précieuses sur la structure ancienne de cet édifice. A l'Hippodrome, l'anonyme italien signale un monument nouveau, un Hercule de bronze provenant de Hongrie[2].

En ce moment (1544) arrive une pléiade de voyageurs. Plusieurs sont des savants, qui explorent avec une certaine méthode; tous sont animés du désir de connaître et de faire connaître en Occident cette ville encore si mystérieuse.

Un prêtre d'Antibes, Jérôme Maurand, se laisse entraîner dans une expédition aventureuse par son ardent désir de contempler Sainte-Sophie. Il s'embarque comme aumônier à bord de la galère « Réale », le 23 mai 1544, et arrive à Stamboul le 10 août, après avoir visité les îles grecques. Il séjourne un mois dans la capitale, s'embarque à nouveau le 9 septembre 1544 et arrive à Marseille le 5 octobre. Ce court séjour fut mis à profit par l'aumônier, qui maniait non seulement la plume, mais le crayon. Il a dessiné une vue d'ensemble, très sommaire, il est vrai, de Constantinople, où l'on voit Sainte-Sophie, les murs mari-

---

[1] V. plus haut, p. 18.

[2] Cf. *Viaggi fatti da Vinetia alla Tana, in Persia, in India et in Costantinopoli,* Venise, [illegible], fol. 121 s., 131-132, 133, v° s. A l'Hippodrome le Vénitien a vu aussi la Colonne serpentine et les deux Obélisques. Sur l'Hercule de bronze v. plus bas, p. 88.

times et les minarets émergeant de la cité[1]. Un siècle à peine après la prise de la ville par les Turcs, la ville avait pris cet aspect de ville musulmane qu'elle a conservé depuis. Jérôme Maurand eut des difficultés à copier les inscriptions et à dessiner les monuments antiques; du moins il put prendre des notes. Il signale à l'Hippodrome des « colonnes de marbre de dix-huit palmes de hauteur, d'ordre composite; sur les chapiteaux il y a tout autour des architraves, chose très belle ». Il voulut copier l'inscription latine de l'Obélisque de Théodose, mais un Turc l'empêche d'achever sa transcription.

A Sainte-Sophie, il est arrêté à l'entrée par un imam, qui l'injurie; mais il réussit à le calmer en lui donnant « trente aspres ». Moyennant cette somme, il peut visiter l'ancienne église, but et espoir de son voyage. Il donne ici libre cours à son enthousiasme; et l'on sent dans son récit le désir d'exciter dans l'esprit du lecteur l'admiration intense qu'il a éprouvée devant cette « si grande, riche et très belle merveille, une des sept du monde ». C'est d'abord le pavement « avec ses grands ronds et fleurs de marbre », brillant comme un miroir; puis, les « colonnes de marbre oriental vermiculé de noir », formant au rez-de-chaussée un « déambulatoire »; au-dessous, un autre « déambulatoire » avec un autre rang de colonnes, et « de très belles corniches de marbre avec de très belles sculptures ». Sur les murs est « peint en mosaïque tout l'Ancien Testament et le Nouveau

---

[1] Cf. L. Dorez, *Itinéraire de Jérôme Maurand d'Antibes à Constantinople*, Paris, 1901, pl. XV, fig. 2. Un autre dessin (pl. XVII) représente la Colonne serpentine et les Obélisques de l'Hippodrome.

Testament de main d'excellent maître ». Au sommet de la voûte, « au centre de la cavité, il y a un Dieu le Père au centre d'un soleil de bronze doré »[1].

En cette même année, 1544, François Ier chargeait d'une mission scientifique dans le Levant, un naturaliste, celui qu'on a surnommé le père de la zoologie française, Pierre Gylli, d'Albi[2]. On connaît la vie bien remplie du protégé de l'évêque de Rodez, Georges d'Armagnac[3]. Elle peut se résumer par les lignes qui

---

[1] Cf. L. Dorez, *op. cit.*, p. I s., 17-19, 37, 183, 229, 233, 241-245, 263 s. A l'Hippodrome Jérôme Maurand a vu les deux Obélisques et la Colonne des trois serpents « avec leurs têtes ouvertes en triangle. » A Sainte-Sophie il signale encore les monogrammes de Justinien, et une table d'or, large d'une palme et longue de deux, encastrée dans le mur, et où sont sculptées ces paroles en lettres anciennes : « *Christus nascitur ex Virgine, in eum credo, tempore Constantini et Irenes imperatoribus* (sic), *o sol itterum* (sic) *me videbis* » (cf. *ibid.*, p. 247). — Cette inscription date du règne de Constantin VI et de sa mère l'impératrice Irène (780-790), qui sont représentés sur les monnaies (cf. J. Sabatier, *Description générale des monnaies byzantines*, t. II, Paris, 1862, p. 68-69, pl. XLI). On sait que les inscriptions latines se perpétuèrent longtemps sur les monnaies. On en trouve encore dans la seconde moitié du XIe siècle. (cf. K. Krumbacher, *Geschichte der byzantinischen Litteratur*, Munich, 1897, p. 4). Les fautes, *imperatoribus*, pour *imperatorum*, et *itterum*, pour *iterum*, peuvent être attribuées à l'auteur de l'inscription, le latin n'étant plus d'un usage courant dans la seconde moitié du VIIIe siècle. Cette inscription, ciselée dans une lame d'or et encastrée dans le mur, était une profession de foi. Le chrétien affirme sa croyance au Christ, né de la Vierge, et sa foi en une vie à venir. Quand le Christ est né, l'univers a été illuminé ; dans l'autre vie la lumière brillera de nouveau sur les justes ; cf. Forcellini *Lexicon*, s. v. sol ; P. Guéranger, *L'année liturgique*, t. I, Paris, 1895, p. 257 s.

[2] Son vrai nom est Gylli, en latin Gyllius ; v. les vers à la fin de la dédicace du *De Bosporo Thracio*, Lyon, 1561 ; cf. L. Dorez, *op. cit.*, p. LIII. J. Strzygowski (Jahrbuch des Kaiserlich deutschen archaeologischen Instituts, t. VIII, 1893, p. 19) a eu bien tort, vraiment, de l'appeler un « savant hollandais ».

[3] Cf. E. T. Hamy, *Le père de la zoologie française, Pierre Gilles, d'Albi* (Nouvelles Archives du Muséum d'histoire naturelle, IVe série, t. II, 1900, p. 1 s.)

FIG. 13. Substructions de l'Hippodrome.

terminent l'un de ses principaux ouvrages : « C'est ma ténacité, c'est l'honnêteté de ma tâche qui m'ont toujours poussé et soutenu, confirmant ce jugement des Platoniciens, qui enseignent qu'il n'y a de limite à la recherche du vrai que sa découverte, et qu'il est honteux de se plaindre quand ce que l'on cherche est si beau. »

Arrivé à Constantinople, il comprend aussitôt quelle doit être sa tâche. Chaque jour, dit-il, des monuments anciens sont détruits ; un vieillard ne se rappelle même plus ce qu'il a vu étant enfant. Le nom des lieux où s'élevaient ces édifices est même oublié. Ce n'est pas sans peine qu'il explore la ville. Non seulement les Turcs mais les Grecs eux-mêmes font obstacle à ses recherches [1]. Mais il surmonte ces difficultés, car tout l'intéresse : des monuments anciens à décrire, des mœurs curieuses à observer et une mer d'une richesse surabondante.

De 1544 à 1547, il se livre à ses recherches avec assiduité; mais, à bout de ressources, il est obligé de s'enrôler comme soldat dans les troupes de Suleïman II, qui était alors en guerre avec la Perse. L'armée turque s'étant mise en campagne en mars 1548, Gylli vient prendre ses quartiers d'hiver à Alep; là, il écrit à ses amis, qui lui envoient de l'argent pour acheter son congé. M. d'Aramon, l'ambassadeur du roi, qui avait aussi accompagné l'expédition du sultan en Perse [2], prend avec lui Gylli, enfin libéré, et l'em-

---

[1] Cf. Petri Gyllii *De topographia Constantinopoleos et de illius antiquitatibus libri quatuor*, Lyon, 1561, p. 242 s.

[2] Cf. *Elephanti nova descriptio missa ad reverendissimum cardinalem Armaignacum ex urbe Berrhoea Syriaca authore Petro Gillio.* Cette lettre est insérée à la suite de l'ouvrage de P. Gillius, *Aeliani de Historia animalium libri XVII*, Lyon, 1565, p. 499.

mène en Palestine et en Égypte, d'où il regagne, par Jérusalem, la Syrie et l'Asie Mineure, Constantinople où il arrive en janvier 1550 [1]. Pierre Gylli revient en France la même année. A peine arrivé, il se rend à Rome, chez son protecteur, le cardinal d'Armagnac. Il était occupé à mettre en ordre ses notes de voyage, lorsqu'une fièvre violente l'enleva, en1555, à l'âge de de soixante-cinq ans. L'infatigable explorateur de la Nouvelle Rome trouva son repos dans l'Ancienne Rome, où son bienfaisant « patron et Mécène » lui fit élever un tombeau [2]. Son neveu Antoine Gylli édita, en 1561, les deux ouvrages de son oncle, le *Bosphore de Thrace* [3] et la *Topographie de Constantinople,* et les dédia à Georges d'Armagnac.

Pierre Gylli met d'abord en relief avec une netteté singulière la situation générale de la ville. Il n'y a rien de comparable au « Bosphore, qui s'écoule couronné de collines s'élevant insensiblement sur des vallées de la plus douce pente, partout ombragées de bosquets, partout chargées de vergers, enrichies d'arbrisseaux, de fleurs, de fruits et de jardins fertiles ». Quant à Byzance, « le premier et le plus rare de ses avantages est d'être entourée de trois mers riches en ports excellents : la Propontide au Midi, le détroit du Bosphore à l'Orient, au septentrion son propre port, golfe très sûr ». — « Toutes les villes du

---

[1] Cf. J. Chesnau, *Voyage de M. d'Aramon en Perse, en 1548,* dans J. Chesnau, *Le Voyage de M. d'Aramon, ambassadeur pour le Roy en Levant,* édit. par Ch. Schefer, Paris, 1887, p. 55 s., 150.

[2] Cf. P. Gyllii *De Topographia Constantinopoleos et de illius antiquitatibus libri quatuor,* Lyon, 1561, préface.

[3] Cf. P. Gyllii *De Bosporo Thracio libri tres,* Lyon, 1561.

monde périront, mais tant qu'il y aura des hommes, celle-ci sera immortelle »[1].

Pour la première fois, Constantinople est l'objet d'une étude systématique. Ce n'est plus une simple relation de voyage, mais un livre ordonné. Après avoir retracé l'histoire de la fondation de Byzance, l'auteur décrit les monuments, colline après colline, région après région, et s'efforce de faire une monographie de chaque édifice existant ou disparu. Il cite une quantité d'auteurs anciens et fait preuve d'une érudition considérable pour son époque, bien qu'il n'ait pas pris le soin de donner les références exactes des sources. Là où son ouvrage présente peut-être le plus d'intérêt pour nous, c'est quand il décrit ce qu'il a vu. Car son regard a une singulière acuité, lorsqu'il n'a pas été gêné dans ses observations. Si son érudition a été dépassée, il n'en demeure pas moins un des auteurs qui fut le plus consulté au XVIe siècle et aux siècles suivants, et qui reste une autorité incontestable pour tous ceux qui s'intéressent aux choses de Byzance.

De Sainte-Sophie, il fait une description exacte au point de vue architectural et mentionne à plusieurs reprises les mosaïques d'or, mais sans les décrire. Il donne pour la première fois des renseignements précis sur les monuments de l'Hippodrome : ce sont d'abord l'Obélisque de Théodose et l'Obélisque de pierre, dont il a copié les inscriptions[2]. Sur la même

[1] Cf. *Description du Bosphore et de la ville de Constantinople* traduite de Pierre Gilles par le comte d'Hauterive dans Buchon, *Collection des Chroniques nationales françaises*, t. III, Paris, 1828, p. 307, 313, 321.

[2] Cf. P. Gyllii *De topographia Constantinopoleos*, Lyon, 1561, p. 64 s., 83 s., 87-89.

Photo. Sebah

Fig. 14. La place de l'At-Meïdan.

ligne que ces obélisques, dans l'axe longitudinal du Cirque, il indique sept colonnes. L'une en marbre sur laquelle Ibrahim pacha avait placé une statue d'Hercule en bronze, provenant de Hongrie et qui fut renversée par les Turcs après la mort du pacha. Une autre colonne de bronze est celle aux trois serpents, bien connue. Il existait donc dans la première moitié du XVIe siècle sur la *spina* de l'Hippodrome six colonnes, qui ont disparu[1]. Mais il y a plus. Quand Pierre Gylli arriva à Constantinople, l'Hippodrome n'avait pas l'aspect dénudé de l'actuelle place de l'At-Meïdan. Du côté de la mer de Marmara, au-dessus des substructions du Cirque (fig. 13), subsistait toujours un portique de dix-sept colonnes en marbre blanc, avec leur base, leur chapiteau corinthien, soutenant une architrave (fig. 15). Ces colonnes furent renversées pendant le séjour de l'explorateur pour édifier un hospice de sultan Suleïman. « Et maintenant, dit-il, le Cirque de Constantinople est dépouillé de tous ces ornements »[2].

Non loin de là un autre monument avait également disparu, la Colonne de Justinien, qui avait excité l'admiration de tous les voyageurs de l'âge précédent. Gylli n'en vit plus que la base, près de l'angle sud-ouest de Sainte-Sophie[3]. Près de cette église, sur

---

1 Cf. *Ibid.*, p. 89-91.

2 Cf. *Ibid.*, p. 91-92, 94.

3 Cf. *Ibid.*, p. 103. Sur une vue à vol d'oiseau publiée par Hartmann Schedel dans sa *Weltchronik*, Nuremberg, 1493, on aperçoit la Colonne de Justinien, et on lit sur la gravure que, le 12 juillet 1490, une violente tempête s'étant abattue sur Constantinople y avait causé de grands dégats; une partie de la Colonne de l'empereur Constantin serait tombée à cette date. Comme la Colonne en porphyre de Constantin existe encore, il s'agirait de la Colonne de Justinien.

l'ancienne place de l'Augustéon, il signale encore sept colonnes corinthiennes; sur le fût de l'une d'elles était inscrit le nom de Constantin le Grand, avec son étendard et l'inscription : ἐν τούτῳ νίκα. Et l'auteur y voit fort justement les restes du portique, qui entourait autrefois cette place célèbre[1]. La

Fig. 15. L'Hippodrome d'après le dessin de Pieter Koeck van Aalst.

Colonne en porphyre sur l'emplacement de l'ancien forum de Constantin n'avait pas alors sa base entou-

Cette dernière serait donc tombée une cinquantaine d'années avant l'arrivée de Pierre Gylli. Cf. von Loga, *Die Städteansichten in Hartman Schedels Weltchronik* (Jahrbuch der Königlich preussischen Kunstsammlungen, t. IX, 1888, p. 194). Une autre vue de la même Chronique a été publiée par Th. Reinach (Revue des Etudes grecques, t. IX, 1896, p. 102).

[1] Cf. P. Gyllii, *op. cit.*, p. 111-112. On sait que Constantin avait

rée d'un grossier revêtement de maçonnerie (fig. 12). Son soubassement dégagé reposait sur quatre degrés en marbre [1].

Gylli a assisté à la disparition d'autres œuvres d'art. Sur la première colline il a vu, près de la manufacture de verrerie du sultan, un obélisque en pierre thébaïque, qui fut renversé bientôt après et acheté par un noble Vénitien [2]. Sur la cinquième colline se dressait une colonne de marbre, surmontée d'un chapiteau corinthien. Notre voyageur la vit transporter pour servir à l'érection de la mosquée de Sultan Suleïman [3]. Sur la quatrième colline il signale une colonne toute semblable à la précédente, et ayant sa base décorée d'un cercle de laurier, semblable à celui de la Colonne d'Arcadius [4].

Cette dernière, le savant d'Albi put l'étudier à loisir. Il en mesure les pierres les unes après les autres; il compte les marches de l'escalier intérieur, qui donnait accès au sommet. Mais ce travail minutieux, il ne peut l'accomplir qu'à l'intérieur de la

---

érigé sur la place de l'Augustéon la statue de sa mère l'Augusta Hélène ; cf. J. Ebersolt, *Le Grand Palais de Constantinople*, p. 14. On pourrait voir dans la colonne, signalée par Gylli, la base de cette statue; les six autres colonnes seraient les mêmes que Buondelmonti avait déjà vues. (V. plus haut, p. 54).

[1] Cf. P. Gyllii, *op. cit.*, p. 140-144.

[2] Cf. *Ibid.*, p. 84.

[3] Cf. *Ibid.*, p. 86, 183. A cet endroit s'élevait à l'époque byzantine une colonne, qui avait donné au quartier le nom d'Exokionion ou d'Exakionion. Il n'est pas certain que celle, qui a été vue par Gylli fût celle-là. Plusieurs autres sont signalées à côté; cf. Th. Preger, *Scriptores originum Constantinopolitanarum*, t. II, p. 180-181; A. van Millingen, *Byzantine Constantinople*, p. 18-20 ; Mordtmann, *Esquisse topographique de Constantinople*, p. 72.

[4] Cf. P. Gyllii, *op. cit.*, p. 196.

Colonne, et non pas à l'extérieur, craignant d'être empêché par les Turcs. Sa description très détaillée serait plus intéressante s'il avait donné des indications sur les sculptures qui ornaient le fût. Il se contente à ce propos de mentionner les « combats variés » et de noter sa ressemblance avec la Colonne Trajane [1]. Quant à la Colonne de Théodose, qui était imitée aussi de cette dernière, elle n'existait plus. Le désastre avait eu lieu avant l'arrivée du naturaliste [2].

Sur les autres monuments il réunit surtout les renseignements puisés chez les historiens, et sa description est souvent très sommaire [3]. Sans doute il n'a pas eu ses entrées libres dans tous les sanctuaires. Près de l'endroit où s'élevait l'église des Saints-Apôtres, il a vu un sarcophage en porphyre, vide et sans couvercle, que les Grecs et les Turcs disaient être celui de Constantin le Grand [4]. Aux Blachernes, il a remarqué encore des vestiges de la célèbre église de la Vierge [5], où les pèlerins du moyen âge étaient tous allés baiser avec ferveur « la châsse contenant la tunique et la ceinture de la très sainte Vierge » [6]. De l'église des Saints-Apôtres, il ne restait aucune trace sur le sol. Mohammed II l'avait complètement rasée pour construire sa grande mosquée.

Si Pierre Gylli ne fait qu'indiquer l'existence de

---

[1] Cf. *Ibid.*, p. 207-211.
[2] Cf. *Ibid.*, p. 160.
[3] Cf. *Ibid.*, p. 95 s., 195, 217.
[4] Cf. *Ibid.*, p. 183.
[5] Cf. *Ibid.*, p. 204.
[6] Cf. *Itinéraires russes en Orient,* traduits par Mme B. de Khitrowo p. 124, 136, 163, 204; Chr. Loparev (Vizantijskij Vremennik, t. II 1895, p. 581 s.); N. P. Kondakov, *Vizantijskija Tserkvi i Pamjatniki Konstantinopolja,* p. 17 s.

l'aqueduc de Valens[1], il signale par contre les piles en pierre de l'ancien pont qui reliait autrefois les deux rives de la Corne d'Or[2]. Ce pont de pierre qui, on le sait, avait été coupé au XIIIe siècle, n'avait jamais été réparé[3]. Le voyageur longe aussi les autres quartiers maritimes et contemple les anciens ports le long de la côte méridionale de la ville. Il voit l'ancien port que les Turcs appelaient Vlanga, et qui avait été signalé, avant lui, par Buondelmonti[4]. Il en voit un autre à l'ouest de l'église des Saints-Serge et Bacchus; il était entouré de murs, détruit et ensablé en grande partie; il n'en restait qu'un étang où les femmes venaient laver leur linge[5].

A la Porte Dorée, le savant naturaliste décrit les propylées avec les deux colonnes de marbre et les bas-reliefs qui les décoraient. Sur le côté gauche il existait alors six reliefs antiques en marbre, représentant des sujets profanes; sur le côté droit, six autres reliefs du même genre[6]. Gylli descend enfin dans les citernes souterraines et à ciel ouvert, et en découvre de nouvelles. Il fut le premier qui ait étu-

(suite après p. 91.)

[1] Cf. P. Gyllii, *op. cit.*, p. 176.

[2] Cf. *Ibid.*, p. 206.

[3] V. plus haut, p. 38, 43.

[4] Cf. *Ibid.*, p. 171; v. plus haut, p. 52.

[5] Cf. *Ibid.*, p. 82, 99. Les habitants appelaient ce port Caterga-Limena (auj. Kadriga-Liman); cf. Mordtmann, *Esquisse topographique de Constantinople*, p. 55; A. van Millingen, *Byzantine Constantinople*, p. 288 s.; A. Zanotti, *Autour des murs de Constantinople*, p. 33.

[6] Cf. P. Gyllii, *op. cit.*, p. 217-218; v. plus haut, p. 16. La liste de ces reliefs a été établie par J. Strzygowski, *Das goldene Thor in Konstantinopel* (*loc. cit.*, p. 31 s.); cf. A. van Millingen, *op. cit.*, p. 65-66.

CHAPITRE III

Les voyageurs du Levant pendant la Renaissance (*Suite*) (deuxième moitié du XVIe siècle)

L'ambassadeur Augier Ghislain de Busbecq et l'artiste Melchior Lorch : les Colonnes de Constantin et d'Arcadius ; la capitale de Suleïman le Magnifique. Philippe Du Fresne-Canaye et l'ambassadeur M. de Noailles : l'Hippodrome « dépouillé de tous ses ornements ». Andrea Badoaro et Costantino Garzoni, ambassadeurs vénitiens. Belleforest et sa *Cosmographie universelle* : la notoriété de Pierre Gylli au XVIe siècle. Stephan Gerlach, chapelain de l'ambassadeur David Ungnad : les visages des mosaïques de Sainte-Sophie effacés ; les portes de Constantinople ; la maison de Jean Zygomalas. Johann Löwenklau : liste des portes de la ville. Salomon Schweigger, chapelain de l'ambassadeur Joachim de Sitzendorff : liste des portes de la capitale, un ancien monastère. Hans Jacob Breünig von und zu Buochenbach et son compagnon Jean Carlier de Pinon : les croix des mosaïques de Sainte-Sophie grattées ; les colonnes de l'ancienne place de l'Augustéon. Jean Palerne: état des mosaïques de Sainte-Sophie ; un sarcophage de l'ancienne nécropole des Saints-Apôtres. Michael Heberer : Tekfour Séraï et sa toiture ; le Baptistère de Sainte-Sophie et ses mosaïques. L'ambassadeur vénitien Lorenzo Bernardo. Gioseppe Rosaccio. L'humaniste Georges Dousa. Wilhelm Dilich et ses dessins : l'Hippodrome à la fin du XVIe siècle. L'annaliste turc Saad-uddin. — Les relations de voyage au XVIe siècle.

Dans la seconde moitié du XVIe siècle l'investigation de la ville continue. L'impulsion avait été donnée par les explorateurs de la première moitié du siècle, dont plusieurs étaient des novateurs, animés de l'esprit de recherche désintéressée.

Un savant flamand Augier Ghislain de Busbecq (ou Busbeck) fut envoyé par l'empereur Ferdinand Ier en mission diplomatique auprès de Suleïman II, de 1555 à 1562. Il profita des loisirs que lui laissaient les affaires politiques pour s'occuper d'études. Il logeait près de la Colonne de Constantin, et a pu l'observer à loisir. Elle était déjà fort endommagée par les tremblements de terre et par un incendie; les tambours en porphyre, qui constituaient son fût, avaient été entourés de cercles de fer (fig. 12). Il a vu aussi la Colonne d'Arcadius, et les sculptures, qui la recouvraient du haut en bas (fig. 17). Et il ajoute à ce propos : « elle a été dessinée chez moi »[1]. Qui pouvait avoir dessiné cette colonne chez l'ambassadeur?

Il n'est pas douteux que l'artiste dont Busbecq ne donne point le nom, était Melchior Lorch de Flensbourg. Celui-ci, après avoir voyagé en Hollande et en Italie, désirant copier des œuvres d'art antique, arriva en 1557 à Constantinople et fut protégé par Busbecq. Une partie de ce dessin a été retrouvée récemment; il figure la partie supérieure de la Colonne, avec deux spirales sur lesquelles sont représentés une charge de

---

[1] Cf. *Itinera Constantinopolitanum et Amasianum ab Augerio Gislenio Busbequio,* Anvers, 1582, p. 38, 41. L'ouvrage eut de nombreuses éditions. Une traduction française de Simon Gaudon parut en 1646 à Paris. Busbecq ne dit rien de saillant sur Sainte-Sophie, ni sur l'Hippodrome, où il ne signale qu'un Obélisque et la Colonne serpentine.

Tournon et d'Armagnac avaient chargés de missions scientifiques et littéraires.

M. d'Aramon avait suivi, on l'a vu, l'expédition du sultan en Perse, en 1548, et avait emmené avec lui Pierre Gylli aux Saints-lieux et en Égypte. Il était revenu à Constantinople en 1550, toujours accompagné du savant naturaliste et archéologue[1]. Dans la suite de l'ambassadeur se trouvait aussi l'un de ses secrétaires, Jehan Chesnau, qui écrivit, après son

Fig. 16. L'Hippodrome d'après le dessin de Dilich.

retour en France, la relation du voyage de M. d'Aramon. L'ambassade était partie à la vigile des Rois de l'année 1547. De Venise, où elle s'était embarquée, elle était parvenue à Raguse, d'où elle avait suivi la route de terre par Nich, Philippopoli, Andrinople pour arriver à Stamboul le 14 mai 1547. Chesnau devait faire un long séjour en Turquie; il ne rentra en France qu'en janvier 1555. Sa description de Constantinople est très sommaire et manque de pittoresque.

[1] Cf. Comte de Saint-Priest, *Mémoires sur l'Ambassade de France en Turquie et sur le commerce des Français dans le Levant*, Paris, 1877, p. 185 s.; v. plus haut, p. 74-75.

S'il s'intéresse surtout aux monuments turcs, il ne néglige pas cependant les antiquités que l'on voit « par toute la ville » : aqueducs, arcs, colonnes de porphyre, fontaines, vestiges d'églises anciennes, bains ». Les maisons, dit-il, sont faites « à la turquesque, c'est-à-dire de bois et de brique mal cuite. Il y en a peu de pierre ». On y voit aussi des lieux vagues et inhabités où croissent des cyprès et autres arbres[1].

Au mois de décembre 1547, le roi Henri II envoyait à Constantinople Jaques Gassot avec des dépêches pour l'ambassadeur. Parti de Venise, il prend à Raguse la route terrestre et remet, aussitôt arrivé dans la capitale, les dépêches du roi à M. d'Aramon. Il accompagne aussi l'ambassadeur pendant l'expédition du sultan en Perse, en 1548. A Alep, au mois de décembre, il écrit le récit succinct de son voyage et l'adresse à « maistre Jaques Tiboust », écuyer, seigneur de Quantilly, notaire et secrétaire du roi. Il est bref sur Constantinople, où il fait un court séjour, de janvier à mai 1548. A propos de l'Hippodrome il dit qu'il n'y a pas longtemps on y voyait un Hercule de bronze rapporté de Hongrie. Quant aux autres monuments il les mentionne sans autres détails intéressants[2].

---

[1] Cf. J. Chesnau, *Le Voyage de M. d'Aramon, ambassadeur pour le Roy en Levant*, édit. par Ch. Schefer, Paris, 1887, p. 2 s., 25, 27-30, 166. A l'Hippodrome l'auteur ne signale que les deux Obélisques et la Colonne serpentine. Il a vu aussi Tekfour Séraï (le palais de Constantin), Sainte-Sophie, et la Colonne d'Arcadius (la colonne historiée).

[2] Cf. Maistre Jaques Gassot, *Le discours du voyage de Venise à Constantinople*, Paris, 1550, p. 5 s., 9 s., 16. Il énumère les monuments suivants : palais de Constantin, en partie ruiné ; Sainte-Sophie ; Hippodrome et ses trois monuments.

Un autre personnage fut attaché à l'ambassadeur pendant la dernière mission de Gabriel d'Aramon auprès du grand Turc, de 1551 à 1553. Nicolas de Nicolay, seigneur d'Arfeuille, valet de chambre et géographe ordinaire du roi, partit pour le Levant avec l'ambassadeur à la fin de mai 1551. Après son retour, il publia les *Navigations et Pérégrinations orientales*, qui eurent le plus grand succès ; et les charmantes figures, qui ornent son ouvrage, ont été souvent reproduites pour illustrer les publications relatives au peuple turc. Comme ses prédécesseurs, il insère dans son livre un chapitre sur les antiquités. Il signale parmi celles-ci « la sépulture du grand Constantin, qui est toute de porphyre en un coing de rue des plus immondes de la cité », des aqueducs, plusieurs citernes et d'autres fragments sur lesquels il n'insiste pas[1].

Jérôme Maurand et Nicolas de Nicolay ne furent pas les seuls qui rapportèrent des dessins de Constantinople. Si Pierre Gylli n'a pu illustrer son savant ouvrage, un artiste, qui travaillait à Constantinople sous le règne de Suleïman le Magnifique, a comblé en partie cette lacune. L'artiste hollandais Pieter Koeck van Aalst fit, après un voyage en Italie, un séjour à Stamboul, où il exécuta des dessins, qui furent publiés en gravures sur bois en l'année 1533[2]. L'un de

---

[1] Cf. N. de Nicolay, *Les quatre premiers livres de Navigations et Pérégrinations orientales*, Lyon, 1568, p. 9, 10, 65, 69. Il a vu à l'Hippodrome les trois monuments, Tekfour Séraï, « le palais du grand Constantin, qui est joignant les murailles auprès de l'angle qui regarde l'Occident », la Colonne d'Arcadius (colonne historiée) et Sainte-Sophie (la sainte Sapience).

[2] Ce sont les planches publiées par Ch. Schefer dans son édition de J. Chesnau, *Le Voyage de M. d'Aramon*, Paris, 1887, p. LXI. « Ces gravures sur bois, dit-il, ont été exécutées probablement à

ces dessins est une vue de la ville prise des hauteurs de Cassim-Pacha[1]. Un autre beaucoup plus intéressant représente une cavalcade où figure sultan Suleïman, entouré de son escorte, traversant l'Hippodrome[2]. On y voit le portique au-dessus de huit marches, décrit par Pierre Gylli; il est formé de colonnes, avec leur base et leur chapiteau corinthien, soutenant une architrave. Plus loin ce sont l'Obélisque de Théodose, sur le soubassement duquel l'artiste a dessiné des esquisses fantaisistes, deux colonnes corinthiennes, probablement deux des sept colonnes signalées par Gylli sur la *spina*[3], la Colonne serpentine, l'Obélisque de pierre, enfin au-dessus d'une base trois statues nues, dont l'une était un Hercule de bronze (fig. 15).

Cette statue d'Hercule avait été signalée déjà par le Vénitien inconnu, par Gylli et par Thevet; et Gassot disait d'elle, lors de son séjour, en 1548, qu'elle existait encore il n'y a pas longtemps[4]. Ces statues n'étaient pas des œuvres antiques. Elles étaient l'œuvre d'un artiste d'origine croate, Jacob von Trau, qui avait été appelé auprès du roi de Hongrie, Mathias Corvin. Elles avaient été prises par Suleïman le Magnifique lors de la prise de Bude, en 1526, et amenées à Constantinople avec un nombreux butin. Le grand vizir Ibrahim pacha les fit dresser sur l'Hippodrome,

Anvers dans la première moitié du XVIe siècle. Elles ont été dessinées par un artiste, qui a accompagné un des agents de Charles-Quint et de Ferdinand » ; cf. Th. Wiegand, *Der Hippodrom von Konstantinopel zur Zeit Suleimans d. Gr.* (Jahrbuch des Kaiserlich deutschen archaeologischen Instituts, t. XXIII, 1908, p. 1 s.).

1 Cf. Th. Wiegand, *loc. cit.*, p. 3, fig. 1.

2 Cf. *Ibid.*, pl. I.

3 V. plus haut, p. 78.

4 V. plus haut, p. 70, 78, 83, 86.

où il avait son palais. Les voyageurs n'ont fait mention que de la statue d'Hercule, qui fut renversée par les Turcs après la mort du grand vizir.

Le dessin de Pieter Koeck représentant l'Hippodrome, a donc été fait après 1526, année où les statues furent rapportées de Hongrie et avant 1533, date de l'impression de sa planche sur bois. Au moment où Gylli arrive à Constantinople, en 1544, le portique de l'Hippodrome existait encore [1]. Quant à la statue de bronze elle avait disparu, mais, comme le dit Gassot, on en conservait encore le souvenir en 1548. Ainsi, fait remarquable, les renseignements des voyageurs français sont confirmés, en ce qui concerne l'Hippodrome, par le dessin de l'artiste hollandais. L'on peut constater aussi la justesse de la remarque du savant d'Albi lorsqu'il disait que chaque jour disparaissaient des monuments anciens [2], avec le regret d'un homme qui sent la beauté des œuvres d'art et ne peut en empêcher la destruction systématique.

---

[1] Cf. Th. Wiegand, *op. cit.*, p. 6 s. L'auteur a commis plusieurs erreurs au sujet de Pierre Gylli, qui aurait été à Constantinople déjà en 1516 (p. 1), et qui serait mort à Rome en 1536 (p. 7). Le savant d'Albi ne pouvait être à Stamboul à cette date. Il publie en 1533 à Lyon son ouvrage *Ex Aeliani historia de vi et natura animalium*, avec une préface adressée à François Ier, où il engage le roi à envoyer des savants en Orient. La date de sa mort, 1555, est bien connue (v. plus haut, p. 75). — Au fond du dessin de Pieter Koeck se détache le profil de Stamboul avec des mosquées, des minarets et deux colonnes se détachant sur le ciel. Wiegand prétend identifier tous les monuments figurés sur le dessin. Il voit dans un édifice circulaire l'église de Saint-Etienne au palais de Daphné. Il reconnaît cependant que le dessin de Sainte-Sophie est très inexact. On peut ajouter que les dessins du soubassement de l'Obélisque de Théodose sont fantaisistes. Comme dans la plupart de ces dessins anciens, l'on doit faire la part de la vérité et de l'imagination.

[2] V. plus haut, p. 74.

*
* *

Ainsi, du milieu du xve siècle au milieu du xvie siècle, Constantinople subit une cruelle transformation. Des monuments importants, comme les Colonnes de Théodose et de Justinien, disparaissent. De l'église des Blachernes il ne subsiste que quelques traces. Sur l'emplacement des Saints-Apôtres s'élève la Mosquée du Conquérant. Les églises, qui échappent à la destruction, sont transformées en mosquées; la fureur iconoclaste s'attaque aux images peintes ou sculptées. Les dernières statues, épargnées par les Croisées en 1204, sont détruites. Avec les déesses de marbre on fait de la chaux; avec les statues de bronze on fond des canons; avec les plaques de bronze des obélisques on frappe de la monnaie. Les colonnes antiques sont débitées en pierres de taille pour servir à l'érection des nouvelles mosquées, ou sciées pour servir de dalles aux bains turcs.

D'autres monuments anciens disparaissent ou tombent en ruine. Tekfour-Séraï que les voyageurs continuent à identifier faussement avec le palais de Constantin, commence à subir l'action destructrice du temps, sans qu'on songe à le réparer. Les ports byzantins de la Marmara, qui commençaient à s'ensabler au début du xve siècle et auraient pu rendre encore des services, ne furent pas mieux entretenus. Les sultans croient avoir mieux à faire. Ils veulent donner à leur nouvelle capitale l'aspect d'une ville musulmane. Elle prend cet aspect assez vite. Jérôme Maurand l'a noté en 1544, et Jehan Chesnau, quelques années plus tard, a remarqué les maisons turques construites en bois et en brique. Cependant la ville ne pouvait se transformer complètement en l'espace d'un siècle. Comme au moyen âge on voyait à l'intérieur des murs de grands espaces inhabités, plantés d'arbres. Et il restait encore, en fait d'antiquités, des œuvres importantes.

Avant la date de 1550 le voyageur pouvait encore admirer à la Porte Dorée les douze reliefs antiques, près des lieux où s'élevait l'église des Saints-Apôtres un sarcophage en porphyre, des colonnes de l'ancienne place de l'Augustéon, et sur les collines un obélisque en pierre thébaïque ainsi que deux grandes colonnes surmontées d'un chapiteau corinthien. A l'Hippodrome il pouvait contempler les derniers restes de ce puissant portique circulaire, qui ménageait aux spectateurs une vue reposante sur l'étendue azurée de la Marmara ; sur la *spina* six colonnes, qui allaient bientôt disparaître. Pendant des siècles les voyageurs continueront à pleurer sur ces œuvres d'art, qui sombraient les unes après les autres, sur l'humiliation infligée à l'hellénisme dans son passé païen comme dans son passé chrétien.

dié attentivement cet ensemble si important de monuments[1].

Pendant ses pérégrinations en Orient, il fut souvent accompagné par André Thevet, d'Angoulême. Ce « cosmographe du roi »[2] parcourait alors les provinces de l'empire ottoman et recueillait les matériaux qu'il devait réunir plus tard dans sa *Cosmographie universelle*. A Constantinople, il admire « Sainte-Sophie, temple très excellent », l'Hippodrome et ses « belles colonnes », la Colonne serpentine et « l'Hercule de cuivre, qui fut apporté de Hongrie »[3].

A Jérusalem, Pierre Gylli avait rencontré, en 1549, un ami d'André Thevet, Guillaume Postel, « cosmopolite », qui faisait alors son second voyage dans le Levant. Connaissant plusieurs langues orientales, il recueillait les renseignements réunis dans son ouvrage, les *Histoires orientales*[4].

---

[1] Cf. P. Gyllii, *op. cit.*, p. 116, 120, 131 s., 196, 216, 217; v. plus haut, p. 23.

[2] Tel est le titre qu'il prend en tête d'un de ses ouvrages ; cf. A. Thevet, *Le grand Insulaire et Pilotage*, publié par Ch. Schefer à la suite du *Voyage de Denis Possot en Terre Sainte*, Paris, 1890, p. 245 s.

[3] Cf. A. Thevet, *Cosmographie de Levant*, Lyon, 1554, p. 61, 63, 64. Une gravure (p. 63) représente l'Hippodrome. Si, comme on l'a prétendu, Thevet n'a pas toujours fait preuve de conscience scrupuleuse dans ses ouvrages, si les détails historiques et archéologiques qu'il donne, proviennent parfois d'imprimés anciens et de manuscrits, il semble bien improbable qu'il n'ait pas vu de ses yeux les rares monuments de Constantinople dont il parle ; cf. F. W. Hasluck (The Annual of the british school at Athens, t. XX, 1913-1914, p. 59-69). *La Cosmographie universelle* de Thevet parut à Paris en 1575.

[4] Cf. G. Postel, *Des Histoires orientales*, Paris, 1575. La première édition parut à Poitiers, en 1560, sous le titre *De la République des Turcs ;* elle comprend trois parties ; cf. Desbillons, *Nouveaux éclaircissements sur la vie et les ouvrages de Guillaume Postel*, Liège, 1773, p. 24, 26, 148 s.

Un naturaliste parcourait aussi le Levant en même temps que Gylli. Pierre Belon, du Mans, avait entrepris, grâce à la libéralité de François, cardinal de Tournon, un « utile et delectable, mais difficile et laborieux voyage », qui dura de 1546 à 1549. S'il s'attache surtout à l'étude des plantes et des animaux, il regarde aussi les monuments qu'il rencontre sur sa route. Certes ses *Observations* ne sont en rien comparables à l'étude savante de son confrère d'Albi, qui était doublé d'un véritable archéologue. Cependant il a observé à Constantinople les « antiquités et singularitez », surtout Sainte-Sophie qui lui suggère une remarque très juste. « Elle est bien supérieure, dit-il, au Panthéon de Rome », qui est massif, avec ses murailles épaisses, tandis que Sainte-Sophie est large et spacieuse, avec sa voûte « à claire-voie », ses « piliers de fin marbre de diverses couleurs » et ses portes presque aussi nombreuses que les jours de l'an[1].

Tous ces voyageurs, Pierre Gylli, André Thevet, Guillaume Postel, Pierre Belon, rendent hommage à la sollicitude dont ils ont été l'objet de la part de M. d'Aramon, dont la maison était ouverte à tous. Cet ambassadeur déploya durant son séjour en Turquie une activité infatigable. Il ne se bornait pas à faire triompher les intérêts de son pays, mais il protégeait les hommes que le roi et les cardinaux de

[1] Cf. P. Belon, *Les observations de plusieurs singularitez et choses mémorables trouvées en Grèce, Asie, Judée, Égypte, Arabie et autres pays estranges*, Paris, 1553, p. a II, e II, 73 v° - 74. A l'Hippodrome le voyageur ne signale que les deux Obélisques et le « serpent d'airain ». Il a vu aussi la Colonne de porphyre et Tekfour Séraï, « ruines d'un palais moult antique, que le vulgaire nomme le palais de Constantin ».

cavalerie et des captifs emmenés par des soldats[1]. Lorch (ou Lorichs) dessina en outre, en 1559, une vue

Fig. 17. Base de la Colonne d'Arcadius.

monumentale de Stamboul, qui fut acquise par la

[1] Cf. Michaelis (Jahrbuch des Kaiserlich deutschen archaeologischen Instituts, t. VII, 1892, p. 91-92, fig. 11) ; J. Strzygowski, *Die Säule des Arkadius in Konstantinopel* (Jahrbuch des Kais. deuts. arch. Instit., t. VIII, 1893, p. 240, fig. 7).

Bibliothèque de l'Université de Leyde au XVIe siècle. Bien qu'elle ait un peu souffert, elle reste un document important de la capitale au temps de Suleïman le Magnifique [1].

La gloire du grand sultan rejaillissait sur la ville. Elle attire sous ce règne un grand nombre de voyageurs, qui comptent parmi les mieux informés du XVIe siècle sur l'Orient, et aussi des artistes de talent. L'Occident continuait à s'occuper des choses du Levant. L'étude des langues et des religions orientales, les recherches archéologiques tournaient de plus en plus vers la Grèce et Constantinople l'attention des humanistes. Pierre Gylli, André Thevet, Guillaume Postel, Pierre Belon avaient ouvert la voie, qui sera suivie par leurs confrères de la Renaissance.

En 1572, un jeune homme de bonne famille parisienne, Philippe Du Fresne-Canaye, séjournait à Venise lorsqu'il apprit l'affreuse tragédie du 24 août, la Saint-Barthélemy. Son père, Jacques Canaye, lui conseille de rester à Venise, un huguenot ne pouvant rentrer en France à cette époque sans exposer sa vie. Sur ces entrefaites arrive à Venise M. Massiot, secrétaire de l'ambassadeur à Constantinople, M. de Noailles. Canaye, qui malgré sa jeunesse avait l'expérience des voyages et était instruit (il savait du grec et avait lu les ouvrages des voyageurs français du Levant),

---

[1] Cf. E. Oberhummer, *Konstantinopel unter Suleiman dem Grossen aufgenommen im Jahre 1559 durch Melchior Lorichs aus Flensburg,* Munich, 1902. Parmi les planches de grand format on remarque une vue de Sainte-Sophie avec le sommet d'un Obélisque et de la Colonne Serpentine (pl. VI), la Colonne de Constantin (pl. VIII), l'aqueduc de Valens (pl. XI), la Colonne d'Arcadius (pl. XII), Tekfour Seraï avec un toit à double pente (pl. XVI). L'orientation de ce monument n'est pas exacte.

saisit l'occasion, qui lui était offerte, de voyager et de s'instruire. Il part pour Raguse, se fait admettre dans la suite de M. de Noailles et l'accompagne durant tout le voyage. L'ambassadeur partit de Raguse le 14 janvier 1573, en suivant la route, qui de l'Adriatique conduisait à Stamboul par Novibazar, Uskub, Philippo-

Fig. 18. Mur de Manuel Comnène.

poli, Andrinople, et arrive « aux vignes de Péra » le 28 février. Le jeune Canaye demeure à Constantinople jusqu'au 9 juin 1573. Il cesse à ce moment de faire partie de la suite de l'ambassadeur et regagne Venise par l'Archipel, la côte de Morée et les îles Ioniennes.

Pendant ces trois mois de séjour il visite la ville avec soin, ayant en main l'ouvrage de Pierre Gylli,

Mais il s'intéresse aussi aux spectacles contemporains, aux réalités vivantes autant qu'aux monuments du passé. Sa relation, écrite à un moment où il était encore sous l'impression des choses qu'il avait eu le privilège de contempler, est par endroits pleine de fraîcheur et de jeunesse. « Nous étions, à la vue de toutes ces choses, à la fois si émerveillés et si étonnés, qu'il nous semblait être arrivés en quelque nouveau paradis, tant nous plaisait la beauté des vertes et fécondes collines sur les flancs desquelles Constantinople doucement s'étend. » « Il y a tant de jardins et tant de cyprès dans Constantinople, qu'à la voir de loin elle ressemble plus à des huttes de pâtres au milieu d'un bois feuillu qu'à une ville. »

Canaye visite les bazars, les grandes mosquées, mais l'archéologie est aussi pour lui chose familière. Sainte-Sophie lui arrache un cri d'admiration, et il comprend pourquoi les Turcs ne l'ont point fait disparaître comme tant d'autres monuments byzantins. « Sans m'étendre autrement à la décrire, on peut juger de ce qu'elle est par cela seul que sa majesté et sa perfection ont suffi à la défendre contre la cruauté du Turc victorieux. » Quant à l'Hippodrome, il « est dépouillé de tous ses ornements et presque complètement rempli de maisons turques ». Plus rien dans la fameuse arène que les trois monuments qui ont été épargnés jusqu'à nos jours, « car les Turcs haïssent tellement les statues que, pour belles qu'elles soient, ils ne les veulent voir en aucun lieu public » [1].

---

[1] Cf. H. Hauser, *Le Voyage du Levant de Philippe Du Fresne — Canaye*, Paris, 1897, p. VIII s., 2 s., 53, 93, 98-102, 106, 109, 150 s.

En cette même année de 1573, deux ambassadeurs de la République de Venise, Andrea Badoaro et Costantino Garzoni mettaient à profit leur séjour à Constantinople pour visiter les mêmes monuments énumérés par Philippe Du Fresne-Canaye[1]. Contrairement à l'affirmation de ce dernier, il existait cependant bien d'autres choses « dignes de mémoire »[2]. Mais, en général, ces voyageurs ne cherchaient pas assez par eux-mêmes; ils n'avaient pas la patience, la ténacité, le désir de connaître et de faire connaître d'un Pierre Gylli, dont la *Topographie* faisait seule autorité au XVIe siècle. On se rend compte de la notoriété du savant d'Albi à cette époque, en lisant la *Cosmographie universelle* de Belleforest, qui puise ses renseignements sur Constantinople, parfois aux *Observations* de Pierre Belon, mais surtout à la *Topographie*. Pierre Gylli est « un homme remarquable pour son grand et exquis sçavoir, à la mémoire duquel tous les amateurs des bonnes lettres doivent une grande révérence ». Belleforest ne peut assez louer « la rare érudition de ce très curieux et diligent rechercheur de l'antiquité, lequel a fait quatre livres descrivants bien amplement celle cité que les Turcs ont presque toute dissipée »[3].

Deux mois à peine après le départ de Du Fresne-Canaye, arrivait, le 6 août 1573, Stephan Gerlach.

Canaye a vu aussi la Colonne de Constantin, « un peu brisée et pour cette raison entourée de nombreux cercles de fer », et la Colonne d'Arcadius.

[1] Cf. *Relazioni degli ambasciatori Veneti al Senato*, édit. E. Albèri, série III a, vol. I, Florence, 1840, p. 351 s., 389, 391.

[2] Cf. H. Hauser, *op. cit.*, p. 110.

[3] Cf. F. de Belleforest, *La Cosmographie universelle de tout le Monde*, t. II, Paris, 1575, p. 385, 388, 390, 392, 396.

Parti de Tubingue le 9 avril pour Vienne, il y rencontre l'ambassadeur David Ungnad, qui allait rejoindre le poste que lui avait confié l'empereur Maximilien II. Gerlach devait remplir les fonctions de chapelain de l'ambassadeur pendant cinq années. Il revint à Tubingue en 1578 pour occuper bientôt une chaire à l'Académie de cette ville où il avait été étudiant[1]. Gerlach est un théologien qui s'intéresse surtout en Orient aux questions religieuses. Il admire en silence cette capitale si grande, si agréable à regarder avec ses jardins et ses îles, ses monuments anciens, ses sanctuaires si solidement construits. Il jouit de ce spectacle et « s'en abreuve », dit-il, à tel point que personne n'en goûtera jamais les charmes plus que lui[2]. Les maisons turques sont pour la plupart d'aspect humble, à part celles des riches; elles sont construites soit en boue et en pierre, soit en brique crue ou cuite. A Sainte-Sophie, il admire les mosaïques représentant des images de saints; mais les Turcs avaient cru bon d'en effacer tous les visages[3].

---

1 Cf. M. Hafenreffer, *Oratio funebris in obitum reverendi et clarissimi viri D. Stephani Gerlachii*, Tubingue, 1614, p. 18 s. Outre l'*Epistola* 'Οδοιπορική *Gerlachii*, contenue dans cet opuscule (p. 57 s.), Gerlach avait rédigé une relation, qui fut éditée par son petit-fils Samuel ; cf. *Stephan Gerlachs dess aelteren Tage-Buch*, Francfort s. M., 1674, p. 20, 505 ; cf. R. Foerster, *De Antiquitatibus et libris manuscriptis Constantinopolitanis commentatio*, Rostock, 1877, p. 4.

2 Cf. Hafenreffer, *op. cit.*, p. 70.

3 Cf. *De Gradibus episcoporum in Graecia ex literis Stephani Gerlachii ad Martinum Crusium anno 1575 scriptis* dans *Davidis Chytraei Oratio de statu ecclesiarum*, Francfort, 1583, p. 164, 165, 168. Gerlach vit aussi la Colonne de Constantin, près de laquelle il habitait, la Colonne d'Arcadius (Colonne historiée), les deux Obélisques et la Colonne serpentine sur la place de l'At-Meïdan.

Gerlach a surtout des conversations théologiques avec le clergé grec et turc; il étudie la constitution

Fig. 19. Mur des Paléologues.

de l'église grecque, les mœurs et la religion des Ottomans. Il entre en relation épistolaire avec le professeur de Tubingue, Martin Crusius [1]. C'est par son intermédiaire que Crusius est mis en rapport avec Jean Zygomalas et avec son fils Théodose, protonotaire du patriarche de Constantinople. Le professeur de Tubingue, dans sa *Turcograecia*, s'est plu à rendre hommage à son savant compatriote, qui lui envoyait des renseignements sur les personnes qu'il fréquentait et les faits qui venaient à sa connaissance [2]. Gerlach insérait dans son Journal une liste des portes de la ville [3] et en envoyait une autre à Martin Crusius [4]. Il lui écrivait le 7 mars 1578 une lettre où il le renseignait sur l'église de la Vierge Pammacaristos et le patriarcat, qui y était alors installé, sur la maison de Jean Zygomalas, située non loin de là. Elle avait trois étages et une terrasse, d'où l'on avait vue sur la Corne d'Or [5]. Ainsi il existait à Stamboul, au XVIe siècle, des maisons à terrasse et à étages.

En même temps que Gerlach séjournait à Cons-

---

[1] Cf. les Lettres de Gerlach à Crusius dans *Davidis Chytraei Oratio de statu ecclesiarum*, p. 112 s.

[2] Cf. M. Crusius, *Turcograeciae libri octo*, Bâle, 1594, préface; cf. E. Legrand, *Notice biographique sur Jean et Théodose Zygomalas* dans *Recueil de textes et de traductions publiés par les Professeurs de l'Ecole des Langues orientales vivantes à l'occasion du VIIIe Congrès international des Orientalistes tenu à Stockholm en 1889*, t. II, Paris, 1889, p. 69 s.; H. Omont, *Martin Crusius, Georges Dousa et Théodose Zygomalas* (Extrait de la Revue des Etudes grecques, s. d., p. 67).

[3] Cf. S. Gerlach, *Tage-Buch*, p. 454.

[4] Cf. M. Crusius, *Turcograecia*, p. 51.

[5] Cf. M. Crusius, *op cit.*, p. 189, 190; Crusius a inséré dans son livre un dessin dont il n'indique pas la provenance (*Ibid.*, p. 190) avec cette suscription : Patriarchei delineatio quantum intelligere potui fere haec est. Ce dessin est de S. Schweigger; v. plus loin p. 104. Sur l'église de la Vierge Pammacaristos v. J. Ebersolt et A. Thiers, *Les Eglises de Constantinople*, Paris, 1913, p. 227 s., Album, pl. LIII s.

tantinople un autre savant allemand, Johann Loewenklau, qui réunissait les matériaux de son *Histoire des Turcs*. Il s'intéressait aux portes de la ville dont il donne aussi une liste et aux reliefs de la Porte Dorée, où il a vu sculptés dans le marbre les « travaux d'Hercule »[1]. Il quitta Stamboul la même année que Gerlach, en 1578.

Stephan Gerlach eut pour successeur comme chapelain de l'ambassade, Salomon Schweigger. Étudiant à Tubingue et désirant voyager, il s'en va à Vienne et se fait agréer comme aumônier du nouvel ambassadeur impérial, Joachim de Sintzendorff. Il part avec lui le 10 novembre 1577, et arrive à Constantinople le 18 janvier 1578. Il y demeure jusqu'au 3 mars 1581 ; et, après un voyage en Égypte, au Sinaï, en Palestine et en Syrie, il revient à Tubingue[2]. Comme Gerlach, il rédige un Journal de voyage[3]. Comme lui, il est en rapport épistolaire avec Martin Crusius[4], et entretient des relations amicales avec les Grecs, Jean et Théodose Zygomalas[5]. Il dresse aussi une liste des portes de Constantinople[6], dessine une vue à vol d'oiseau de Stamboul[7], et surtout le patriar-

[1] Cf. J. Leunclavius, *Annales sultanorum Othmanidarum*, Francfort, 1596, p. 206 s., 209.

[2] Cf. M. Crusius, *Hodoeporicon sive itinerarium D. Solomonis Sweickeri*, s. l. n. d., p. 6 s. ; cf. R. Foerster, *op. cit.*, p. 4.

[3] Cf. S. Schweigger, *Eine neue Reyssbeschreibung aus Teutschland nach Constantinopel und Jerusalem*, Nuremberg, 1613.

[4] Cf. M. Crusius, *Turcograecia*, préface.

[5] Cf. E. Legrand, *op. cit.*, p. 124.

[6] Cf. S. Schweigger, *op. cit.*, p. 104.

[7] Cette vue perspective, où l'on distingue Sainte-Sophie, les monuments de l'Hippodrome, la Colonne de Constantin et celle d'Arcadius, le palais de Constantin (Tekfour Séraï), est reproduite par C. Gurlitt, *Zur Topographie Konstantinopels im XVI Jahrhundert* (Orientalisches Archiv, Octobre, 1911, p. 5, fig. 2).

cat grec, qui était alors installé au monastère de la Vierge Pammacaristos. Il avait la forme d'une grande cour, entourée de murs et plantée de cyprès et de figuiers, avec un puits et des tombes anciennes. Autour de cette cour étaient disposés les logements des prêtres et des fonctionnaires du patriarcat, la demeure du patriarche et l'église, précédée d'un clocher. On pénétrait dans l'enceinte par une grande porte flanquée de colonnes [1].

Pendant le séjour de Schweigger arrive Hans Jacob Breünig von und zu Buochenbach, qui était parti de Venise le 30 avril 1579 en compagnie d'un Français Jean Carlier de Pinon. Après avoir visité Constantinople, il voyage en Égypte, en Palestine et en Syrie d'où il se rend à Marseille, où il débarque en janvier 1580 [2]. Il avoue qu'il n'a pas eu le temps de visiter toutes les églises de Constantinople; mais il est allé au patriarcat grec dont il donne une description semblable à celle de Schweigger, et à Sainte-Sophie où il admire les mosaïques avec « des histoires bibliques »; partout où étaient représentées des croix, elles avaient été grattées par les Turcs. Près de la Grande Église, sur l'ancienne place de l'Augustéon étaient encore debout, comme au temps de Pierre Gylli, de belles colonnes dont l'une portait le nom de Constantin le

---

[1] Cf. C. Gurlitt (Orientalisches Archiv, Janvier 1912, p. 51, fig. 5 p. 52). En ce qui concerne l'église on ne peut être d'accord avec cet auteur, qui prétend que ce dessin est confirmé par les plans actuels. L'église, qui occupe un des coins de la cour, est surmontée de trois coupoles, ce qui ne correspond pas à la structure de l'actuelle Fétijé-Djami; on peut tout au plus y reconnaître la chapelle funéraire.

[2] Cf. H. J. Breünig von und zu Buochenbach, *Orientalische Reyss*, Strasbourg, 1612, p. 9, 46, 77, 78, 99, 173, 200, 211, 267, 298.

Grand avec l'inscription : ἐν τούτῳ νίκα[1]. Dans une rue gisait encore un sarcophage en porphyre, vide et sans couvercle, que l'on attribuait au même empereur[2].

L'année suivante Jean Palerne, secrétaire de François de Valois, duc d'Anjou et d'Alençon, faisait en

Fig. 20. Porte du mur terrestre : Silivri Kapou.

compagnie d'un gentilhomme, Melunoys, le même voyage, mais en sens inverse. Le « partement » de

---

[1] V. plus haut, p. 79.

[2] Cf. Breünig, *op. cit.*, p. 59 s., 66 s., 75-81 I. Parmi les autres antiquités le voyageur signale la Colonne d'Arcadius (Columna historiata), la Colonne de Constantin (Columna porphyriana), l'Obélisque de Théodose et celui de pierre (Colossus), la Colonne serpentine. Il donne un plan de la « Cisterna basilica ».

Paris a lieu le 30 mars 1581. De Venise où ils s'embarquent, ils vont en Égypte, puis au Sinaï, en Arabie, en Terre sainte et en Syrie, d'où par Chypre, Rhodes et Chio ils gagnent Constantinople. D'ici ils suivent la route de terre jusqu'à Raguse où ils s'embarquent pour Venise, et arrivent à Lyon le 2 février 1583 « ayant demeuré, dit Jean Palerne, vingt-trois mois ou environ en ce voyage, rendant grâce et louanges immortelles à Dieu le souverain Pillote de m'avoir garenty de tant de fortunes, naufrages, dangers et maladies[1] ».

Au cours de ses *Pérégrinations*, le secrétaire du duc d'Anjou et d'Alençon va faire son pèlerinage au « superbe et incomparable temple de Sainte-Sophie » où il remarque « de très belles peintures et figures à la mosaïque que les Turcs ont en partie effacées ». Il voit aussi la « sépulture » de Constantin en une méchante rue, près de la mosquée de Mohammed II et du bazar de la sellerie. Pierre Gylli l'avait vue à la même place[2]. Ce sarcophage en porphyre rouge provenait de l'ancienne nécropole des Saints-Apôtres.

Quelques années plus tard un Allemand, après un séjour en Égypte, arrivait à Constantinople, qu'il quittait en 1588. Michael Heberer de Bretten dessinait une vue à vol d'oiseau du Bosphore et une partie de Stamboul où l'on voit les murs et Tekfour-Séraï, qui a la forme d'un bâtiment cubique couvert d'un

---

[1] Cf. *Pérégrinations du S. Jean Palerne, Foresien,* Lyon, 1606, p. 7 s., 488, 521.

[2] V. plus haut, p. 81 ; cf. J. Palerne, *op. cit.*, p. 381 s., 392. Palerne mentionne également les trois monuments de l'Hippodrome, la Colonne d'Arcadius (Colonne historiée), le palais de Constantin (Tekfour Séraï) à demi-ruiné, près du mur de la ville, « du côté de la terre ferme ».

toit à quatre pentes. La ville lui apparaît sale avec ses maisons construites en bois, à l'exception des mosquées, des bains et des palais des pachas. Les rues sont étroites et tortueuses. Il note cependant une rue rectiligne, celle qui conduit de la place où s'élève la Colonne en porphyre de Constantin jusqu'à Sainte-Sophie. Ici il voit une chose remarquable. Aujourd'hui, dit-il, des mosaïques d'or et d'autres couleurs représentent le baptême du Christ, avec la colombe et l'inscription : « Οὗτός ἐστιν ὁ υἱός μου ὁ ἀγαπητός, ἐν ᾧ εὐδόκησα ». Celui-ci est mon Fils, le bien-aimé en qui j'ai mis toute mon affection (Matthieu, 3, 17).

Comment les Turcs n'ont-ils pas vu cette mosaïque et l'ont-ils laissée intacte! se demande le voyageur non sans malice. Cette mosaïque est la même que signalait, en 1200, le pèlerin Antoine de Novgorod dans le Baptistère de Sainte-Sophie[1].

En constatant les résultats auxquels sont arrivés plusieurs de ces voyageurs, on regrette que d'autres hommes instruits et possédant par leur situation des facilités de recherche, n'aient pas pu ou voulu faire connaître ce qu'ils voyaient, simplement comme le faisaient les pèlerins du savoir au XVIe siècle. Leur voix faible ou puissante aurait été certainement entendue au delà des siècles.

---

[1] V. plus haut, p. 35. Cf. M. Heberer von Bretten, *Aegyptiaca servitus. Das ist warhafte Beschreibung einer dreyjährigen Dienstbarkeit so zu Alexandrien in Egypten ihren Anfang und zu Constantinopel ihr Ende genommen*, Heidelberg, s. d., p. 373 s., 377, 379-382, 385. Le voyageur signale aussi la Colonne d'Arcadius à Avret-Bazar (Columnam historialem), et les trois monuments de l'Hippodrome. Son ouvrage ne porte pas de date, mais il contient des lettres datées de 1587 et de 1588. L'auteur quitte Constantinople avec un passeport daté du 8 avril 1588 (cf. *Ibid.*, p. 339, 340, 345, 346, 402).

Un ambassadeur de la république de Venise, Lorenzo Bernardo, qui séjournait à Stamboul en 1591, sous le règne d'Amurat III, se borne à faire les réflexions suivantes : La cité est merveilleuse par sa situation incomparable ; elle jouit des bienfaits de l'Asie et de l'Europe, de la mer Noire et de la Méditerranée. Le privilège de sa situation, la magnificence de toutes les œuvres d'art qu'elle renferme, en font le siège de l'empire du monde. Mais sa description demanderait une plume meilleure que la mienne et des loisirs, qui me font défaut [1].

Gioseppe Rosaccio, qui n'était pas ambassadeur, fit vers la même époque le voyage de Venise à Constantinople par mer et par terre. Il décrit tous les ports, villes, châteaux et autres lieux qu'il rencontre, indique soigneusement les distances d'un port à un autre, et donne une description sommaire de chaque localité. Si sa description de Constantinople n'offre rien de particulièrement intéressant, il a dessiné une vue à vol d'oiseau de la ville, où l'on aperçoit deux ports sur la mer de Marmara, les restes de l'Hippodrome et de grands espaces vides [2].

Dans les dernières années du siècle Georges Dousa (van der Does) se trouvait à Stamboul, où il suivait les traces de Pierre Gylli. Il eut aussi recours aux bons offices de Théodose Zygomalas, qui lui communique des inscriptions provenant de sa propre collection.

---

[1] Cf. *Viaggio di un ambasciatore Veneziano da Venezia a Costantinopoli nel 1591*, Venise, 1886, p. 17, 71.

[2] Cf. G. Rosaccio, *Viaggio da Venetia a Costantinopoli per mare e per terra et insieme quello di Terra santa,* Venise, 1606, p. 76. Il existe une édition plus ancienne de cet ouvrage ; elle porte la date de 1598.

Ce sont les inscriptions qui intéressent surtout l'humaniste hollandais. Il copie les inscriptions de l'O-

Fig. 21. Porte du mur terrestre : Yéni-Mévlévi-Hané-Kapou.

bélisque de Théodose, de l'Obélisque de pierre et de la Colonne en porphyre de Constantin. Les autres antiquités ne lui échappent pas non plus [1]. Et il déplore à ce propos la disparition « des palais, des églises et des colonnes dont resplendissait autrefois la cité impériale et qui ont été détruits de fond en comble, à tel point que leur nom même est maintenant complètement oublié [2]. »

Wilhelm Dilich séjourna à Constantinople dans les dernières années du XVIe siècle et dans les premières années du XVIIe siècle. Malheureusement sa description, comme ses dessins, est loin d'être d'une exactitude scrupuleuse [3]. Il paraît avoir dessiné le plus souvent de mémoire et avoir ajouté foi aux bavardages des habitants. La ville ne lui fait pas bonne impression avec ses maisons insignifiantes, ses rues étroites et sales. Mais il en sent tout le charme lorsqu'il la voit de loin, des hauteurs de Péra. C'est de là qu'il en prend une vue panoramique, qu'il dessine le profil de Stamboul avec les coupoles et les minarets de ses mosquées se détachant sur le ciel. Il en dresse aussi une vue à vol d'oiseau, pour l'établissement de laquelle il utilise des plans anciens [4].

En ce qui concerne les antiquités il dit qu'on en

---

[1] Georges Dousa est l'auteur de l'édition *princeps* des Patria. Il publia cet ouvrage, faussement attribué à Georges Codinos, en 1596; cf. Th. Preger, *Scriptores originum Constantinopolitanarum*, t. II, p. XIX.

[2] Cf. G. Dousae *De itinere suo Constantinopolitano epistola*, Leyde, 1599, p. 36-41, 91 s. Le voyageur signale, outre les monuments de l'Hippodrome, Sainte-Sophie, la Colonne d'Arcadius à Avret-Bazar, l'aqueduc de Valens et la « Cisterna basilica »; cf. E. Legrand, *ops cit.*, p. 134-135; H. Omont, *loc. cit.*, p. 67.

[3] Cf. W. Dilich, *Eigendtliche kurtze Beschreibung und Abris, der weittberümhten Keyserlichen Stadt Constantinopel*, Cassel, 1606.

[4] Cf. Dilich, *op. cit.*, p. 1, 9. Le croquis de Sainte-Sophie (p. 11)

voit encore beaucoup, mais elles sont délabrées et on ne peut avoir sur elles aucun renseignement, car ni les Grecs ni les Turcs n'y font attention [1]. Ses renseignements sur l'Hippodrome sont parfois erronés [2]. Le dessin qu'il en a donné est plus intéressant. Il représente les substructions du Cirque avec ses voûtes; le long de l'arène trois gradins existaient encore; les autres avaient été détruits par le grand vizir Ibrahim Pacha lorsqu'il fit construire son palais (fig. 16).

Dans l'arène apparaissent la Colonne serpentine sur un piédestal, l'Obélisque de Théodose et trois colonnes surmontées de chapiteaux ioniques et doriques ; le fût de deux d'entre elles est en spirale [3]. A cette époque l'Hippodrome conservait un aspect qu'il a perdu. Quelques gradins subsistaient du côté nord de la piste ; le sol n'avait pas encore été exhaussé. Trois colonnes anciennes se dressaient encore à côté des monuments actuels. Mais ces colonnes de marbre, qui, d'après Dilich, marquaient le « terme de la cour-

---

est fantaisiste. Le dessin de la Colonne d'Arcadius (p. 27, fig. 5) est inexact ; celui de la Colonne en porphyre est sans caractère. Ils sont reproduits cependant par Gurlitt (Orientalisches Archiv, Janvier 1912, p. 60, fig. 18, 19). La vue panoramique et le plan à vol d'oiseau sont aussi donnés par Gurlitt (Orientalisches Archiv, Octobre 1911, pl. I, fig. 1) ; *Die Baukunst Konstantinopels,* Berlin, 1907, p. 44, fig. 97, p. 74, fig. 140. Sur la vue à vol d'oiseau on remarque deux ports entourés de murs et de tours.

[1] Cf. Dilich, *op. cit.,* p. 27.

[2] Cf. Dilich, *op. cit.,* p. 24-25. C'est ainsi qu'il prétend que la statue d'Hercule rapportée de Hongrie, était encore en place, alors qu'elle avait disparu depuis un demi-siècle (v. plus haut, p. 88). Du reste il ne l'a pas fait figurer sur son dessin de l'Hippodrome.

[3] Cf. Dilich, *op. cit.,* p. 27. Ce dessin est reproduit par C. Gurlitt (Orientalisches Archiv, Janvier 1912, pl. X, fig. 9) et dans *Die Baukunst Konstantinopels,* p. 11, fig. 29. L'Obélisque de pierre n'est pas représenté.

se »[1], n'étaient pas disposées au hasard, comme le dessinateur les a fait figurer ; elles étaient placées sur la *spina*, qui était rectiligne.

Sans ces relations, sans ces dessins des voyageurs occidentaux on ignorerait tout de l'état des monuments byzantins au XVIe siècle[2]. Parmi les annalistes turcs bien peu ont su parler avec quelque sagesse de ces œuvres d'art qu'ils voyaient disparaître jour après jour. Saad-uddin est un des seuls, qui n'ait pas répété les fables et les contes de ses compatriotes et qui, en homme sensé et instruit, ait parlé avec quelque exactitude « du plus remarquable des monuments grecs, du temple de Sainte-Sophie[3]. »

*
* *

Pendant la seconde moitié du XVIe siècle, Constantinople conserve avec ses jardins et ses arbres un aspect riant et frais, auquel certains voyageurs n'ont

---

[1] Cf. Dilich, *op. cit.*, p. 24. Le voyageur signale aussi le sarcophage de Constantin dans le coin le plus sale de la ville, la Colonne d'Arcadius, l'aqueduc de Valens et des citernes, enfin, recouvert d'une toiture, le palais de Constantin (Tekfour Séraï) *(Ibid.,* p. 26). Près de là il a dessiné ce qu'il appelle le Jardin aux cyprès. C'est une construction bâtie sur des voûtes et se terminant par une terrasse plantée d'arbres. Les murs de la ville rejoignent les deux faces latérales. Il s'agit peut-être de la partie de l'enceinte connue sous le nom de prison d'Anémas. (*Ibid.,* p. 26, fig. 6) ; cf. Gurlitt, *Die Baukunst Konstantinopels,* p. 10, fig. 25.

[2] On doit encore signaler les dessins d'un artiste du XVIe siècle, Bretschneider. Gurlitt reproduit de ce dessinateur les trois monuments de l'Hippodrome et la Colonne de Constantin (*op. cit.,* p. 15, fig. 36, 37, 39, p. 17, fig. 42).

[3] Cf. M. Garcin de Tassy, *Description de la ville de Constantinople traduite du turc de Saad-uddin* (Journal Asiatique, 1re série, t. V, 1824, p. 139-146). L'annaliste turc dit à propos de la Colonne de Justinien, qui s'élevait près de Sainte-Sophie, qu'elle subsistait

pas été insensibles. Elle continue à prendre son aspect de ville musulmane, avec ses maisons en bois, ses rues étroites et tortueuses. Cependant certaines mai-

Fig. 22. Porte du mur terrestre : Top Kapou.

sons à terrasse et à étages, entre autres celle de Jean Zygomalas, étaient très probablement construites en

---

encore il n'y a pas longtemps. On sait que Pierre Gylli n'en vit plus que la base. (V. plus haut, p. 78). Saad-uddin a dû écrire au XVIe siècle.

matériaux plus résistants, en pierre et en brique, comme celles que Gerlach a signalées. Il existait encore quelques rues droites, qui conservaient sans doute le caractère des anciennes voies byzantines. L'une a été signalée par Heberer.

Les monuments continuent à se détériorer. On entoure de cercles de fer la Colonne de Constantin ébranlée. Toutefois les ports de la Marmara n'ont pas encore disparu [1]. Tekfour-Séraï garde sa toiture [2]. Sainte-Sophie conserve encore intactes les mosaïques de son Baptistère; et si les Turcs ont gratté les figures et les croix des mosaïques à l'intérieur de la Grande-Église, de grands ensembles apparaissaient encore sur les murs et sur les voûtes. On pouvait également voir à cette époque des monastères entourés de cellules, comme ceux qu'avait signalés Ibn Batoutah et des clochers, car cet Arabe fit, au XIVe siècle, son entrée dans la ville au son des cloches [3]. Le monastère de la Vierge Pammacaristos, qui fut occupé par le patriarcat grec de 1456 à 1586, était encore intact et présentait le type du monastère de la fin du XIIIe siècle avec sa grande cour plantée d'arbres, autour de laquelle s'ouvraient les habitations des moines et les dépendances [4]. Le clocher, qui précédait l'église et qui n'existe plus aujourd'hui, n'était pas unique à Constantinople. Cet élément étranger à l'ancienne architecture de

---

[1] V. plus haut, p. 110 n. 4.

[2] Sur les anciens plans le « palais de Constantin » apparaît recouvert d'un toit tantôt à quatre pentes, tantôt à deux pentes; v. plus haut, p. 96 n. 1, 106, 112, n. 1.

[3] V. plus haut, p. 43, 46.

[4] Cf. J. Ebersolt et A. Thiers, *Les Eglises de Constantinople,* Paris, 1913, p. 229, 232.

la capitale avait été importé par les Croisés au XIIIe siècle[1].

Les voyageurs du XVIe siècle ont la curiosité des hommes de la Renaissance. Avec une extrême bonhomie, sans aucune prétention ils promènent le lecteur dans les lieux qu'ils ont visités et lui communiquent leurs impressions. Ce sont des esprits positifs, qui tranchent sur ceux des voyageurs du moyen âge, encore tout enivrés de mysticisme. S'ils n'ont plus la fraîcheur et la candeur d'âme de ces derniers, ils ont, en revanche, plus de sérénité, plus d'objectivité. Ils savent mieux voir et mieux décrire. Mais ils voient le monument en bloc, pour ainsi dire, et ne peuvent donner une description complète de chacune des parties, qui le constituent. Les monuments figurés leur échappent. Aucun n'a su donner une description des mosaïques de Sainte-Sophie ni mentionner sommairement l'ordonnance de cette décoration. Pierre Gylli lui-même, pourtant si exact, ne dit des sculptures de la Colonne d'Arcadius qu'une chose : c'est qu'elles représentaient des combats variés. Aussi leur érudition est peu captivante parce qu'ils ne savent pas en dégager la vie. S'ils ne manquent pas tout à fait d'aptitude esthétique, ils n'ont pas su exprimer la poésie des formes et des couleurs. Il en sera, du reste, ainsi jusqu'aux temps modernes. Cependant la capitale recélait des trésors d'art que d'autres, après eux, devaient découvrir. Mais les humanistes du XVIe siècle avaient définitivement ouvert la voie aux chercheurs de l'âge suivant.

---

[1] V. plus loin ; cf. G. Millet, *L'école grecque dans l'architecture byzantine*, Paris, 1916, p. 135-136.

CHAPITRE IV

Les voyageurs du Levant au XVIIe siècle (Première moitié du siècle)

François Arnaud. Henry de Beauvau : premières dégradations à la Colonne d'Arcadius. George Sandys : croquis d'ensemble de la Colonne. Nicolaus Schmidt : liste des portes de la ville. Otavio Sapiencia ; Pietro della Valle : les mosaïques à figures de Sainte-Sophie. Tommasso Alberti. Adam Wenner ; Louis Deshayes : le badigeon blanc sur les mosaïques de la Grande Eglise. De Stochove et ses compagnons de voyage : état de la grande muraille ; une inscription à Sainte-Sophie ; deux églises disparues. Henry Blount. Evliya efendi : la Colonne de Marcien. Du Loir : son travail à Sainte-Sophie ; son opinion sur Tekfour Sérai. De Monconys ; état des monuments ; l'église du Christ Pantocrator ; le monastère de la Péribleptos. Jona Malenki — Extension du champ des découvertes.

Sous le règne de Henri IV deux Français firent, au cours d'un voyage au Levant, un séjour de plusieurs mois à Constantinople.

Le premier était un capitaine marseillais, François Arnaud, qui commandait le « gallion » de François Savary, comte de Brèves, ambassadeur du roi près la Porte ottomane. Il reste cinq mois à Constantinople, pendant lesquels il visite le Sérail du Grand Seigneur, où il assiste à une audience, et parcourt la ville, prenant plaisir à visiter les mosquées, Sainte-Sophie, la Colonne d'Arcadius, le « palais de l'empereur Constantin et les belles murailles[1] ».

Un gentilhomme lorrain, Henry de Beauvau, baron dudit lieu et de Manonville, seigneur de Fleuville, s'embarquait dans l'Adriatique le 1er novembre 1604, avec le baron de Salignac, le nouvel ambassadeur, qui allait remplacer le comte de Brèves, arrivé à la fin de son ambassade. Après avoir longé les côtes d'Istrie, de Dalmatie et de Morée, et traversé les îles de l'Archipel, il arrive à Constantinople le 10 janvier 1605. Il y demeure quatre mois et s'embarque ensuite pour continuer son voyage en Syrie, en Palestine et en Égypte. En accomplissant ce voyage en Orient, Henry de Beauvau était animé d'un noble sentiment : « Le désir de servir à ma patrie, dit-il, m'a porté au delà des mers. » A Stamboul il s'intéresse plus à la cour du « roi ottoman », au divan et aux grandes mosquées qu'aux antiquités byzantines. Cependant il ajoute un fait nouveau aux observations de ses prédécesseurs. La Colonne d'Arcadius avait son escalier intérieur « tout rompu » et était consolidée par des liens en fer[2].

---

[1] Cf. H. Omont, *Voyages à Athènes, Constantinople et Jérusalem de François Arnaud (1602-1605)* (Florilegium Melchior de Vogüé, Paris, 1909, p. 467, 468, 472, 473).

[2] Cf. H. de Beauvau, *Relation journalière du voyage du Levant*, Toul, 1608, préface, p. 1 s., 26 s., 45-51, 105 s. A Sainte-Sophie le voyageur admire les colonnes, les marbres, les mosaïques anciennes, mais il ne les décrit pas. A l'Hippodrome il voit les trois monuments de la *spina*. Il signale enfin la Colonne en porphyre de Constantin avec ses cercles de fer et le palais de Constantin (Tekfour Séraï), « qui n'est pas autrement beau mais assis en bel air ».

Cinq ans après le départ du gentilhomme lorrain, le voyageur anglais George Sandys dessinait, en 1610, cette Colonne, qui, d'après lui, surpassait celles de Trajan et d'Antonin, qu'il avait vues à Rome[1]. Vers la même époque un autre voyageur arrivait par la mer Noire et le Bosphore. Nicolaus Schmidt s'était

Photo. Sebah

Fig. 23. Mur de la Marmara.

embarqué à Varna, après avoir traversé la Bulgarie. Dans sa description de Constantinople, il se borne à

[1] Cf. G. Sandys, *Travels*, Londres, 1658, p. 27. Ce croquis d'ensemble est reproduit par J. Strzygowski, *Die Säule des Arkadius in Konstantinopel* (Jahrbuch des Kaiserlich deutschen archaeologischen Instituts, t. VIII, 1893, p. 232, fig. 1), par A. Geffroy, *La Colonne d'Arcadius à Constantinople* (Monuments et Mémoires publiés par l'Académie des Inscriptions et Belles-Lettres, t. II, 1895, p. 103, fig. 1, et par Th. Reinach, *Revue des Études grecques*, t. IX, 1896, p. 79).

énumérer les mosquées, les bains turcs et les portes de la ville[1].

Un prêtre espagnol, Otavio Sapiencia, qui vécut en Turquie douze ans dont cinq en captivité (il fut libéré en 1604), rédigea un traité sur la Turquie et Constantinople, qu'il dédia au roi d'Espagne Philippe IV. Il eut les loisirs de visiter la ville en détail, d'observer les différentes nations et leurs mœurs, de parcourir les bazars et les rues innombrables. A ce propos il remarque que « les Turcs ne construisent pas aussi somptueusement que les chrétiens ». Les monuments anciens retiennent aussi son attention. Il dit à propos des mosaïques de Sainte-Sophie : « Celles que les Turcs ont pu atteindre depuis le sol sont défigurées; à l'une il manque les yeux, à l'autre les bras, à une troisième d'autres membres... Mais celles qu'ils n'ont pu atteindre demeurent intactes et sont très belles. Parmi celles qui ne sont pas endommagées se trouvent les images du Christ, de Notre-Dame et des saints, qui sont très nombreux. Elles sont toutes en mosaïque et occupent l'étage inférieur et l'étage supérieur de l'église[2] ». Il est regrettable

---

[1] Cf. N. Schmidt, *Seer aanmerkelyke reys-beschryvinge na Constantinopolen en Egypten gedaan in het Jaar 1605 en vervolgens* (De aanmerkens-waardige Voyagien na Oost en West Indien, Leyde, s. d., p. 2, 5, 23 s.)

[2] Cf. O. Sapiencia, *Nuevo tratado de Turquia con una descripcion del sitio y ciudad de Constantinopla.* Madrid, 1622, p. 1 s., 8, 9 s., 47 s. Le prêtre espagnol a vu, en outre, le palais de Constantin (Tekfour Séraï), la Colonne d'Arcadius (Colonne historiale), la Colonne de Constantin, qu'il appelle la colonne ferrée, à cause des cercles en fer, qui la consolidaient, sur la place de l'At-Meïdan l'Obélisque de Théodose, l'Obélisque de pierre et la Colonne serpentine avec ses trois têtes.

que ce prêtre, qui connaissait son histoire religieuse, n'ait pas poussé sa description plus avant.

Ces renseignements sur les mosaïques de Sainte-Sophie sont confirmés par le « gentilhomme romain

Fig. 24. Tour de marbre près de Yédi-Koulé.

et illustre voyageur » Pietro della Valle. Il adressait à Schipano, son plus intime ami, des lettres datées de 1614 et de 1615, où il racontait son voyage par mer depuis Venise, et lui communiquait ses impressions sur la ville turque et ses édifices, sur les mœurs et la religion musulmanes. Il est intéressant de constater l'autorité dont jouissaient les voyageurs français du XVIe siècle, Belon et Gylli. Ce dernier surtout est pour le voyageur italien une autorité incontestable. « Il se rapporte à lui en tout et partout. »

« A la voûte du dôme de Sainte-Sophie, ajoute-t-il, en dedans et aux autres voûtes aussi, l'on voit encore quelques restes d'ouvrages à la mosaïque et de figures, qui les ornaient, gâtées et effacées en partie par les Turcs, particulièrement les visages. » Il a eu la curiosité de monter sur la coupole et a pu se rendre compte de l'aspect de certains quartiers. Il a remarqué une rue fort longue, large et droite, qui allait du palais du grand Turc jusqu'à la porte d'Andrinople. Les autres rues étaient malpropres et incommodes, et les maisons bâties en vils matériaux. Il note à ce propos que « l'intérieur de la ville ne répond pas au bel aspect extérieur[1] ».

Si Pietro della Valle s'intéresse à tous les monuments, son compatriote Tommasso Alberti, qui fit plusieurs séjours de 1609 à 1621, n'est attiré que par les splendeurs du Sérail, dont il donne une description détaillée[2].

En l'année 1616, l'empereur Mathias envoyait auprès du sultan Ahmed Ier une ambassade, qui eut son historiographe dans la personne de Adam Wenner. Pendant son séjour, qui se prolongea jusqu'en

---

1 Cf. Pietro della Valle, *Les fameux voyages*, Paris, 1661, p. 1 s., 24-30, 37, 41, 182. A l'Hippodrome le voyageur signale les deux Obélisques et la Colonne serpentine avec ses trois têtes. Il a vu la Colonne en porphyre de Constantin « toute environnée de bandes de fer ». Au sujet de la « Colonne historiée » il fait erreur, en disant qu'elle a été abattue par un tremblement de terre. La Colonne d'Arcadius existait encore à cette époque. Les voyages de Pietro della Valle dans l'Inde ont été édités par E. Grey dans la collection de l'Hakluyt Society de Londres, 1892, t. 84-85.

2 Cf. A. Bacchi della Lega, *Viaggio a Costantinopoli di Tommasso Alberti (1609-1621)*, Bologne, 1889, p. 3 s., 60 s.

1618, Wenner ne se contente pas d'assister aux audiences du sultan; il regarde autour de lui et est frappé par l'aspect minable et délabré des maisons. Il admire les Colonnes honorifiques et, à Sainte-Sophie, les « belles images de Dieu » en mosaïques de couleurs; mais, dit-il, les Turcs ont effacé ces dernières avec du blanc [1].

En 1621, Louis XIII « dépêchait » le sieur Louis Deshayes, qui, pour arriver au but de son voyage, mettait deux mois et vingt-trois jours, en suivant la route terrestre par l'Allemagne, l'Autriche, Belgrade, Sofia, Philippopoli, Andrinople. Comme beaucoup de voyageurs, il crut bon de retracer l'histoire de Constantinople. La description sommaire qu'il en a faite est plus utile. A Sainte-Sophie, il note fort justement le contraste entre l'extérieur du monument, qui est massif et austère, et l'intérieur, dégagé par une coupole hardie et svelte, et richement décoré. « La voûte, dit-il, est toute garnie de mosaïques que les Turcs ont blanchies en quelques endroits pour y écrire le nom de Dieu en grands caractères arabes. » Après avoir accompli sa mission diplomatique, Deshayes se rendit en Terre sainte [2].

Neuf ans plus tard, en 1630, plusieurs voyageurs visitaient ensemble l'Italie et de là se rendaient par mer

[1] Cf. A. Wenner, *Ein ganz neu Reysebuch von Prag auss biss gen Constantinopel,* Nuremberg, 1622, p. 1 s., 87-89, 91, 99, 123. Le voyageur a vu aussi la Colonne de Constantin, la Colonne d'Arcadius à Avret-Bazar, à l'Hippodrome les deux Obélisques et la « Colonne aux serpents, qui tendent leur cou et leur tête de trois côtés ».

[2] Cf. Deshayes, *Voyage de Levant fait par le commandement du roy en l'année 1621,* Paris, 1624, p. 1 s., 89, 96, 102-103, 107-108, 112, 341 s. Le voyageur a inséré dans sa relation un plan de Constanti-

à Constantinople. C'étaient Fermanel, conseiller au parlement de Normandie, Fauvel, maître des comptes de cette province et sieur d'Oudeauville, Baudouin de Launay, et de Stochove, sieur de Sainte-Catherine, gentilhomme flamand. Ce dernier eut soin de rédiger, jour après jour, des notes de voyage, qu'il publia après son retour dans les Flandres. Quand de la mer ils découvrent Stamboul, cette « vue si agréable » leur fait oublier aussitôt les peines et les fatigues de leur long voyage. Il leur semble que « cette ville a été bâtie pour commander à tout le monde, tant son assiette est belle et avantageuse ». Aussitôt débarqués, ils vont rendre visite à M. de Césy, l'ambassadeur du roi, qui leur avait préparé un logis à Péra. Ils demeurent jusqu'au 13 avril 1631 dans la capitale, qu'ils quittent « pour voir tous les lieux les plus remarquables du Levant », la Terre Sainte et l'Égypte.

S'ils sont charmés par la vue extérieure de la ville, ils le sont moins, quand ils voient les rues si étroites que les « carrosses » n'y peuvent passer, si montueuses qu'on est obligé d'aller à cheval, et des « maisons mal bâties, dont la plupart n'ont qu'un étage ». Ils font le tour de la grande muraille, qui était en piteux état. « Les murailles sont en plusieurs endroits tombées de sorte qu'elles ont presque rempli les fossés, parce que les Turcs sont peu soigneux d'entretenir

---

nople, sommaire et sans échelle, sur lequel sont indiqués les principaux monuments. A l'Hippodrome il a vu les deux Obélisques et les « trois serpents de bronze », dans la ville, la Colonne d'Arcadius (Colonne historiale), la Colonne en porphyre de Constantin, et à l'angle nord-ouest, le long de la muraille, du côté de la terre, l'ancien palais de Constantin en ruine (Tekfour Séraï).

leurs fortifications. » Sur les murs ils reconnaissent « plusieurs marques des anciens chrétiens, comme des croix, des images et des inscriptions grecques ». Ces voyageurs ont l'esprit curieux et savent observer non seulement les ensembles, mais les détails. A

Fig. 25. Mur terrestre. Vue d'ensemble.

l'église de la « Sapience divine », ils ont vu « écrite en grosses lettres grecques à la mosaïque » l'inscription, qui commémorait la dédicace par Justinien, « sur une bordure en haut, qui règne autour de l'église ». « En haut contre la voûte du dôme on voit encore le portrait d'un Dieu le Père, n'ayant rien d'effacé que le visage. »

Ils ont encore le mérite d'avoir signalé deux églises aujourd'hui disparues. « Les Arméniens, écrit de Stochove dans son Journal, ont un grand enclos dans la ville, où est la demeure de leur patriarche; l'église est pauvre et petite; l'on y voit encore une grande salle où il s'est tenu un concile du temps des empereurs chrétiens. Tous les pères qui y assistèrent, y sont peints au naturel; il y en a de fort étrangement vêtus. Au haut de la porte il y a le portrait d'un empereur, d'une impératrice et deux dames peintes à la mosaïque; ils semblent encore aussi nouveaux comme s'ils venaient d'être faits. Les Arméniens nous dirent que sultan Soliman en était si curieux, qu'il les venait voir souvent et les aurait enlevés pour mettre dans son Sérail, n'eût été que sa religion défend expressément d'avoir le portrait d'aucune créature. » — « Au-dessus de ce lieu nous allâmes dans un vieil bâtiment, lequel nous reconnûmes aussitôt pour avoir servi d'église aux chrétiens, y voyant encore en peinture le long des murailles Notre Seigneur et les douze Apôtres. » Cette dernière église était située, d'après de Stochove, près de la « Colonne appelée la Brûlée », qui était entourée de plusieurs cercles de fer, donc près de la Colonne en porphyre de Constantin. La première église se trouvait plus bas, sur l'emplacement du patriarcat des Arméniens, dans le quartier actuel de Koum-Kapou [1].

[1] Cf. de Stochove, *Voyage d'Italie et du Levant,* Rouen, 1670, préface, p. 25 s., 42-46, 50-52, 54-56. A l'Hippodrome le voyageur a vu les deux Obélisques et les trois serpents de bronze avec leur

Si ces voyageurs ont observé dans le Stamboul du XVIIe siècle des monuments si intéressants, c'est qu'ils visitaient la ville méthodiquement et à loisir. Ce n'est pas le cas de Henry Blount, un gentleman, qui d'Angleterre va s'embarquer à Venise, en mai 1634, visite la Dalmatie et la Bosnie, traverse toute la péninsule balkanique et jette un regard rapide sur les monuments de Constantinople avant de repartir pour l'Égypte. Sa relation est, comme son voyage, rapide et brève. Il ne fait que contempler un instant cette ville qui, par sa situation, « est la plus apte à commander au monde entier [1] ».

En ce moment Constantinople était l'objet d'une étude générale, entreprise par un Turc, qui avait passé sa vie à voyager. Né en 1611, Evliya efendi, fils du derviche Mohammed, mourut en 1679, après avoir écrit le récit de ses pérégrinations vers le soir de sa vie. En 1634, il mesure patiemment la circonférence de Stamboul, en calculant le nombre de pas entre chacune des portes de l'enceinte. Il se complaît à recueillir, durant ce travail, les nombreuses légendes qui circulaient dans la population musulmane sur les monuments byzantins, qu'il prend trop souvents pour des « talismans ». Il s'appuie, en somme, uniquement sur la tradition orale. Cependant il

---

tête ; à l'extrémité de la ville, vers le septentrion, les ruines de l'ancien palais de Constantin (Tekfour Séraï) et la Colonne d'Arcadius (Colonne historiale).

[1] Cf. H. Blount, *A Voyage into the Levant,* Londres, 1636, p. 5 s., 25 s. Le voyageur ne fait que mentionner Sainte-Sophie, la Colonne serpentine, l'Obélisque égyptien, et l'aqueduc (de Valens). Sa relation a été traduite en hollandais et insérée dans la collection *De Wijd-beroemde Voyagien na Oost en West Indien*, Leyde, s. d., p. 14.

signale, outre les monuments déjà connus, l'existence de la Colonne de Marcien, qui avait échappé à l'attention des voyageurs (fig. 27, 28). Au sujet de Sainte-Sophie, il raconte une légende relative à une image de la Vierge et donne des détails sur la construction des minarets et sur le clergé attaché à la mosquée[1].

Cependant les investigations des voyageurs occidentaux se poursuivent et les recherches gagnent en précision et en étendue. Un voyageur français, Du Loir, qui séjourne à Constantinople de novembre 1639 à février 1641, réussit à prendre des mesures à Sainte-Sophie et donne une description sommaire, il est vrai, mais exacte de l'ancienne église. « Un jour, dit-il, le signor Antonio Boldu, gentilhomme vénitien, homme très savant et très curieux, et moi, nous en prîmes toutes les mesures avec une corde divisée par nœuds en plusieurs pieds, moyennant quelque argent que nous donnâmes à un des officiers, qui en ont les clefs et qui nous enferma dans les galeries pour cet effet. » Les deux voyageurs peuvent ainsi mesurer l'épaisseur des piliers, qui soutiennent le dôme, le diamètre de la coupole, la largeur des galeries et compter les colonnes. Du Loir mentionne aussi les mosaïques à fond d'or que « les Turcs ont toutes barbouillées de blanc pour en effacer les figures ».

---

[1] Cf. Evliya efendi, *Narrative of Travels in Europe, Asia and Africa in the seventeenth century*, translated from the turkish by the Ritter Joseph von Hammer, t. I, 1, Londres, 1834, p. III s., 12 s., 16-19, 56 s. L'auteur a vu à l'Hippodrome l'Obélisque de Théodose et la Colonne serpentine « aux trois têtes », la Colonne d'Arcadius à Avret-Bazar, la Colonne en porphyre de Constantin, et non pas celle de Théodose comme le dit par erreur l'auteur de la traduction. Cette dernière n'existait plus depuis longtemps ; v. plus haut, p. 81.

A propos de Tekfour-Séraï qu'on attribuait toujours avec la même obstination à Constantin le Grand, notre voyageur émet un doute fort justifié. « Cette

Fig. 26. Tour du mur terrestre.

attribution est peu vraisemblable selon mon opinion, la petitesse du lieu n'étant pas capable de loger un empereur et ses officiers[1]. » Du Loir est le dernier voyageur du règne de Louis XIII. Avec de Montconys commence la liste des voyageurs du règne de Louis XIV pendant lequel les recherches en Orient devaient aboutir à des résultats particulièrement brillants.

De Montconys occupait une haute situation; il était conseiller du roi et lieutenant criminel au siège présidial de Lyon. Esprit curieux, il est hanté de bonne heure par l'idée d'un voyage aux Indes et entretient de nombreuses relations dans le monde savant. En 1645, il voyage en Portugal, en 1646, en Provence, en Italie, en Égypte. En 1647, il est en Syrie et, en mai 1648, à Constantinople où chaque jour il note avec soin ce qu'il a vu. Il demeure dans la capitale jusqu'en septembre 1648, date à laquelle il part pour son « voyage de Natolie ». Au cours de ce voyage, il écrit

---

[1] Cf. *Les Voyages du sieur Du Loir contenus en plusieurs lettres écrites du Levant,* Paris, 1654, p. 46, 47, 53, 60, 63, 225, 283. Parmi les antiquités byzantines le voyageur signale la Colonne en porphyre de Constantin (Colonne brûlée), la Colonne d'Arcadius (Colonne historiale). A l'Hippodrome il remarque qu'il ne reste plus de trace de l'ancien Cirque, sauf l'Obélisque de Théodose, l'Obélisque de pierre et la Colonne serpentine. A propos de celle-ci, il ajoute que l'une des têtes fut enlevée d'un coup de masse d'armes par un grand seigneur. Ce serait donc sous le sultan Mourad IV (1623-1640) que la première tête des trois fameux serpents aurait disparu. En effet, Stochove, en 1630, Blount, en 1634, et Evliya éfendi, vers la même époque, ont vu encore la colonne intacte (v. plus haut, p. 126, n. 1, 127, n. 1, 128, n. 1). Cependant, comme on le constatera plus loin, les trois têtes sont encore signalées par plusieurs voyageurs postérieurs à Du Loir. D'après une autre tradition, Mohammed II, lors de son entrée dans la ville, en 1453, aurait abattu d'un coup de masse d'armes la mâchoire inférieure d'une des trois têtes ; cf. Petri d'Outremanni *Constantinopolis Belgica,* Tornaci, 1643, p. 556. Les voyageurs du XVIe siècle cependant ne disent rien de cette mutilation. On est en présence d'une tradition, qui réapparaît à intervalles plus ou mions éloignés, mais qui ne repose sur aucun fondement certain.

Fig. 27. Colonne de Marcien.

des lettres à un ami sur la ville dont le souvenir était toujours présent à sa mémoire.

Comme Du Loir il prend des mesures, non pas à Sainte-Sophie, mais à l'Hippodrome, dont il note la longueur et la largeur. A Sainte-Sophie, il voit les mosaïques « rompues partout où il y avait des figures; ainsi elles sont toutes défigurées et laides ». La Colonne en porphyre de Constantin (Colonne brûlée) avait alors sa base et son piédestal cachés par les maisons qui l'entouraient. Il ne peut étudier la Colonne d'Arcadius et est obligé de s'en rapporter aux renseignements de Pierre Gylli ; car il n'eut pas la facilité de pénétrer à l'intérieur, soit à cause du danger, dit-il, car « elle est cassée en divers endroits, soit que les Turcs ne le veuillent permettre ».

De Montconys s'intéresse à tout, aux événements politiques, aux mœurs, aux habitants. Il va au Sérail et au divan aussi bien qu'au marché des esclaves où il ne vit « rien que d'affreux ». Il parcourt Stamboul dans tous les sens allant du « palais de Constantin » (Tekfour Séraï), où il monte « sur le balcon de pierre d'où l'on découvre tout le port et presque toute la ville », jusqu'à la Porte Dorée, où il voit les « bas-reliefs des travaux d'Hercule ». Il ne dit pas si ces beaux reliefs étaient encore au complet. Mais on sait que sir Thomas Roe, qui fut ambassadeur d'Angleterre à la Porte de 1621 à 1628, avait essayé d'acquérir les douze reliefs, qui étaient encore en place à cette époque, comme au temps de Pierre Gylli [1]. Sur une porte du Château des Sept Tours (Yédi-Koulé) le

---

[1] Cf. *The Negotiations of sir Thomas Roe in his embassy to the Ottoman Porte*, Londres, 1740, p. 386 s.

voyageur français a vu encore une « grande Victoire tenant une palme ».

Il signale enfin deux églises fort belles ; l'une existe encore, l'autre a disparu. La première est située non loin de la mosquée de sultan Mohammed et se compose de trois églises, « qui se tiennent l'une à l'autre par les côtés, et l'on passe des unes aux autres par l'ouverture entière des arcades, qui en sont la séparation ». Ces églises étaient ornées de « beaux marbres tant au pavé qu'aux murailles » ; les chambranles des portes étaient aussi en marbre. Toutes les voûtes étaient ornées de mosaïques, dont on n'avait « effacé que les visages ». On reconnaît facilement dans cette description l'église du Christ Pantocrator (Zeïrek-djami) [1]. De Montconys eut la bonne fortune de la voir encore presque intacte. L'autre église n'existe plus ; mais elle n'est pas moins célèbre.

Le 20 juillet 1648, notre voyageur prenait un caïque et longeait les murailles maritimes dans la direction du Château des Sept Tours. Pendant cette promenade sur la Marmara, il voyait d'un côté les îles des Princes se profilant dans le lointain sur les rives d'Asie, de l'autre le panorama de Stamboul, baigné dans la lumière d'Orient d'un éclat si pur. Mais il avait un but précis. Il voulait visiter « la salle où a été tenu un concile, laquelle est assez proche des Sept Tours ».

« Cette salle est dans une maison d'Arméniens, où est une petite église de laquelle les Turcs ont ôté les six colonnes qu'il y avait dedans. » « Cette salle où a été

---

[1] Cf. J. Ebersolt et A. Thiers, *Les églises de Constantinople*, Paris, 1913, p. 185 s.; Album, pl. XLII s.

tenu le concile a servi de réfectoire comme on peut voir par les tables, qui y sont encore tout le long de chaque côté ; elle a quarante pas de long et huit de large ; elle est toute peinte à fresque de divers portraits de saints anachorètes », « et au-dessus une frise de patriarches de demi-corps et par-dessus eux une seconde frise de la vie de la Vierge. » La salle se terminait par une demi-coupole, où une mosaïque représentait la Cène. Sur le côté opposé à cette abside demi-circulaire, près de la porte d'entrée étaient « peints d'un côté un empereur grec et sa femme de l'autre ». Près d'eux figuraient leurs enfants : deux jeunes filles et une fillette de dix à douze ans. L'empereur et l'impératrice portaient des couronnes et des souliers rouges; ils étaient debout sur des coussins de même couleur et brodés. L'empereur était revêtu d'une longue robe à larges manches, terminées par une broderie; d'autres bandes brodées décoraient les coudes, les épaules et la poitrine; une ceinture retombait sur le bras gauche. L'impératrice était habillée de même façon ; seules les manches de sa robe étaient plus étroites. Les deux jeunes filles étaient vêtues comme l'empereur, à l'exception des couronnes qui étaient différentes, et des manches qui pendaient jusqu'à terre. La fillette portait aussi une petite couronne et un manteau, qui s'attachait sur l'épaule droite. De Monteonys signale aussi « dans ce couvent » un ayasma, une fontaine dont la pierre était « taillée en feuillage » et dont l'eau était considérée comme souveraine contre les maladies[1].

---

[1] Cf. *Journal des Voyages de M. de Monconys,* publié par le sieur de Liergues, son fils, t. I, Lyon, 1665, avertissement, p. 2 s., 383-389, 392, 404-406, 421, 436, 439, 454-455, 466, 468-469.

Cette salle où de Montconys prétend qu'il se tint un concile était le réfectoire du monastère de la Vierge Péribleptos. Ce monastère avait été construit par

Fig. 28. Base de la Colonne de Marcien.

l'empereur Romain III Argyre (1028-1034) [1]. Il s'élevait à l'endroit occupé par l'actuelle église arménienne de

[1] Cf. Cedrenus, éd. Bonn, t. II, p. 97.

Soulou-Monastir, au quartier de Psamatia. C'est là qu'on a retrouvé récemment un fragment de sarcophage représentant le Christ debout entre deux Apôtres[1]. L'ambassadeur espagnol Clavijo avait déjà visité le monastère dans les premières années du xve siècle[2]. Il vit une église précédée d'une grande cour, plantée d'arbres. « Il y avait cinq autels dans le corps de cette église, qui avait la forme d'une salle ronde, très grande et très haute, contenant des piliers en jaspe de diverses couleurs; les murs et le pavé étaient aussi en jaspe. Cette salle est entourée de trois nefs comprises dans la même enceinte; le plafond des nefs est tout uni et celui de la salle est en mosaïque d'un ouvrage très riche. » On y conservait plusieurs reliques et deux tombeaux. L'un était celui du fondateur du monastère Romain Argyre[3]; l'autre dont Clavijo ne donne pas le nom, devait être celui du « deuxième fondateur », de Nicéphore III Botaniates (1078-1081), qui s'était retiré au monastère et y avait été enterré[4].

Ce monastère était un des plus importants de Constantinople. Deux empereurs y avaient leur sépulture. Jean VI Cantacuzène s'y était retiré aussi en 1355[5]. Manuel II Paléologue l'habita aussi quelque temps pendant une épidémie de peste[6]. C'était un lieu de procession de la cour au xive siècle[7]. Clavijo a vu

[1] Cf. J. Strzygowski, *Orient oder Rom*, Leipzig, 1901, p. 40 s.

[2] V. plus haut, p. 47 s.; cf. Ph. Bruun, *op. cit.*, p. 6-8. Clavijo appelle le monastère « Sainte-Marie Peribelico ».

[3] Cf. Cedrenus, éd. Bonn, t. II, p. 505-506.

[4] Cf. Zonaras, XVIII, 20, éd. Dindorf, t. IV, p. 234.

[5] Cf. Ducas, XI, éd. Bonn, p. 42.

[6] Cf. Phrantzès, I, 38, éd. Bonn, p. 113.

[7] Cf. Codinus, *de Officiis*, XV, éd. Bonn, p. 80.

dans l'église qu'il vient de décrire, à gauche de l'entrée, « une image de Sainte Marie ayant auprès d'elle des deux côtés les portraits d'un empereur et d'une impératrice ». L'ambassadeur castillan parle sans doute des portraits de Michel VIII Paléologue (1261-1282) et de l'impératrice Théodora avec leur fils Constantin au milieu. Dans ce dernier portrait il a cru reconnaître une image de la Vierge. Un voyageur du XVIe siècle, J. Loewenklau, signale, en effet, ces portraits dans la partie occidentale de l'église[1].

En dehors de l'église s'étendaient les bâtiments du monastère. Clavijo a vu « un réfectoire très large et très haut, au milieu duquel il y avait une table en marbre blanc très bien polie et bien faite ». « Le pavé était aussi en dalles, et au bout de ce réfectoire il y avait encore deux petites tables en marbre blanc. Le plafond était tout en mosaïque et sur les parois on voyait des dessins en mosaïque représentant la salutation de la sainte Vierge Marie par l'ange saint Gabriel jusqu'à la naissance de Jésus-Christ notre Dieu, ainsi que ses pérégrinations avec ses disciples et tout le cours de sa vie jusqu'à ce qu'il fut crucifié. »

Ainsi Clavijo et de Montconys ont vu tous deux le réfectoire du monastère. D'après Clavijo il était décoré de mosaïques ; sur les murs était représentée l'histoire évangélique depuis l'Annonciation jusqu'à la Crucifixion. De Montconys a vu, en outre, dans l'abside la Cène « figurée en mosaïque » et sur les murs

[1] Cf. Leunclavius, *Pand. Turc.*, cap. LI, d'après Du Cange, *Constantinopolis christiana*, Paris, 1680, lib. IV, p. 94. Ces portraits sont reproduits par Du Cange, *Familiae augustae byzantinae*, Paris, 1680, p. 233, et dans le *Glossarium mediae et infimae latinitatis*, t. X, Niort, 1887, pl. VI.

des fresques, des frises de saints et de patriarches ; au-dessus se développait le cycle de la vie de la Vierge. A l'entrée, de chaque côté de la porte, étaient les portraits d'un empereur, d'une impératrice et de leurs trois filles en costume d'apparat.

Ces costumes que notre voyageur a pris soin de décrire sont ceux de la dernière époque de l'empire byzantin. A cette époque les empereurs ne portaient plus la chlamyde, mais le sakkos, une espèce de « soutane », suivant l'expression de de Montconys [1]. Celui-ci a pris un croquis sommaire de l'empereur, qui correspond assez bien à sa description [2]. Le basileus porte le loros, la longue écharpe, qui retombe sur son bras [3]. Quelle était cette famille impériale?

Ces portraits pourraient être ceux de Manuel II Paléologue (1391-1425) et de sa famille. On sait que cet empereur habita un certain temps le monastère de la Péribleptos [4]. Manuel II, l'impératrice Hélène et leurs trois fils Jean, Théodore et Andronic, apparaissent debout sur un dessin reproduit par Du Cange d'après la miniature d'un manuscrit contenant les œuvres de Denys l'Aréopagite [5]. Les trois enfants portent de longs cheveux ; et de Montconys a pu les prendre pour des filles. La taille des enfants est bien celle

[1] Cf. J. Ebersolt, *Mélanges d'histoire et d'archéologie byzantines*, Paris, 1917, p. 62.

[2] Cf. *Journal des Voyages de M. de Montconys*, t. I, p, 405, fig. 45.

[3] Cf. J. Ebersolt, *op. cit.*, p. 64.

[4] V. plus haut, p. 136. Manuel II Paléologue et ses deux fils Andronic et Théodore ne furent pas enterrés au monastère de la Péribleptos, mais au monastère du Christ Pantocrator ; cf. J. Ebersolt et A. Thiers, *Les églises de Constantinople*, Paris, 1913, p. 194.

[5] Cf. Du Cange, *Familiae augustae byzantinae*, Paris, 1680, p. 241-243 ; *Glossarium mediae et infimae latinitatis*, t. X, Niort, 1887, pl. VII.

décrite par notre voyageur. Jean et Théodore ont à peu près la même stature. Andronic est plus petit. L'empereur porte une longue barbe, et est revêtu d'une longue robe ornée de bandes, avec l'écharpe retombant sur le bras. Il est coiffé d'une couronne. L'ensemble correspond à la description et au croquis de de Montconys. D'autre part Clavijo signale des portraits impériaux dans l'église mais non dans le réfectoire. En 1403, au moment où le voyageur espagnol visita le monastère, les portraits de Manuel Paléologue et de sa famille n'avaient pas encore été peints sur les murs du réfectoire.

Mais la grande église décrite par Clavijo existait-elle encore en 1648, au moment où le voyageur français visita le monastère ? D'après Clavijo c'était un édifice imposant contenant cinq autels, deux sarcophages impériaux ; il était décoré de mosaïques, de marbres et de portraits. Au début du xve siècle Buondelmonti a fait figurer cette église sur son plan, sous la forme d'une grande coupole à tambour émergeant d'une enceinte quadrangulaire [1]. De Montconys ne mentionne en dehors du réfectoire qu'une petite église où se trouvaient autrefois six colonnes. Il n'est guère possible d'identifier cette dernière avec la grande et riche église décrite par l'ambassadeur castillan. Celle-ci n'existait sans doute plus au xviie siècle.

Elle existait encore dans la seconde moitié du xvie siècle. J. Loewenklau a signalé les portraits qui décoraient les murs occidentaux [2]. A cette époque elle n'appartenait déjà plus aux Grecs mais aux Armé-

[1] Cf. Mordtmann, *Esquisse topographique de Constantinople*, Lille, 1892, p. 44, 73.

[2] V. plus haut, p. 137.

niens, qui, d'après Paspatis, en prirent possession en 1543[1].

* * *

Ainsi pendant la première moitié du XVIIe siècle le champ des découvertes s'agrandit ; les voyageurs trouvent des monuments nouveaux. De Stochove découvre deux églises nouvelles ; de Montconys signale au Château des Sept Tours une grande Victoire tenant une palme, les mosaïques de l'église du Christ Pantocrator, et les peintures du réfectoire du monastère de la Vierge Péribleptos. Dans certaines églises les Turcs ont respecté les mosaïques à figures ; dans d'autres, comme au Pantocrator et à Sainte-Sophie, ils les ont effacées en les recouvrant de badigeon. Quelques-unes, celles qui n'étaient pas facilement accessibles, sont encore intactes. A Sainte-Sophie on voyait encore des images du Christ, de la Vierge et des Saints, et l'on pouvait saisir l'ordonnance générale de la décoration figurée. L'inscription commémorant la dédicace de la Grande Église par Justinien était encore intacte. Tekfour Séraï avait conservé, outre sa toiture, son balcon, qui d'après un plan ancien, était couvert et avait trois arcades[2], d'où l'on découvrait le magnifique panorama de la ville et de la Corne d'Or.

La Colonne en porphyre de Constantin est consoli-

---

[1] Cf. A. G. Paspatis, Βυζαντιναὶ μελέται, Constantinople, 1877, p. 400. D'après Ph. Bruun, *op. cit.*, p. 29 et A. van Millingen, *Byzantine Constantinople*, Londres, 1899, p. 20, le monastère aurait été donné à la communauté arménienne en 1643. Ce qui n'est pas exact. Loewenklau le vit aux mains des Arméniens (cf. Leunclavius, *Pand. Turc.*, cap. LI d'après Du Cange, *Constantinopolis christiana*, Paris, 1680, lib. IV, p. 94).

[2] Cf. le plan turc conservé dans un manuscrit de la Bibliothèque royale de Berlin et publié par E. Oberhummer, *Konstantinopel unter Suleiman dem Grossen*, Munich, 1902, pl, XXII.

dée par des cercles en fer ; de même celle d'Arcadius, qui était brisée en plusieurs endroits. Si certains monuments sont un peu entretenus, d'autres sont toujours laissés à l'abandon. Les vieux remparts s'écroulent ici et là. Les citernes à ciel ouvert se transforment en jardins potagers. Les habitants continuent à bâtir des maisons de modeste apparence et dont la plupart n'ont qu'un étage. Les rues deviennent de plus en plus étroites et tortueuses. Cependant une grande artère traverse la capitale : c'est la rue large et droite, qui relie le vieux Sérail à la porte d'Andrinople. C'était une grande voie byzantine, dont on peut suivre encore aujourd'hui le tracé approximatif dans la ville turque[1]. Elle était parallèle à la Corne d'Or et conduisait le voyageur, arrivant dans la capitale par le Nord, jusqu'à Sainte-Sophie et au Palais impérial. Sur ce trajet il pouvait voir l'église des Saints-Apôtres et plusieurs des plus belles places de la ville, avant d'être admis à contempler les richesses artistiques de la Grande Église et du Palais sacré.

Les précieuses relations des voyageurs du XVIIe siècle prouvent qu'à cette époque la ville conservait des monuments figurés, d'une valeur inestimable pour l'histoire de l'art. Aussi les pèlerins russes, qui se rendaient en Terre sainte, s'arrêtaient-ils toujours à Constantinople, tel ce Jona Malenki, qui y passe quelques jours avant de gagner Jérusalem[2]. Le prestige de l'ancienne Byzance était toujours grand sur ces voyageurs épris d'images pieuses.

---

[1] Cf. Mordtmann, *Esquisse topographique de Constantinople*, Lille, 1892, plan.

[2] Cf. Jona Malenki, *Chojdenie v Jerusalem i Tsargrad (1648-1652)* édit. par Leonid (Pamjatniki drevnej pismennosti, Pétersbourg, 1882, p. 3, 27).

CHAPITRE V

Les Voyageurs du Levant au XVIIe siècle
Suite (Deuxième moitié du siècle.)

François Le Gouz de la Boullaye, Jean de Thévenot : deux colonnes derrière Sainte-Sophie. Poullet et Quiclet. Nicholas Rolamb. François Blondel. Henry Howard. L'ambassade du comte de Leslie; Paul Tafferner : une mosaïque à Sainte-Sophie; Tekfour Séraï; un relief colossal de l'Annonciation. L'ambassade du marquis de Nointel ; Antoine Galland, de Monceaux, Laurent d'Arvieux. Grelot : ses dessins et ses observations à Sainte-Sophie. Jacob Spon et George Wheler : les Colonnes de Marcien et d'Arcadius ; les reliefs de la Porte Dorée. Jean-Baptiste Tavernier : la Colonne du Vieux-Sérail. Cornelio Magni : état des monuments byzantins. John Covel. Th. Smith. Cornelis de Bruyn : la beauté de Constantinople. Giovanni Battista Donado. Michele Benvenga : les divers emplacements des piliers en porphyre des chevaux de Saint-Marc. Du Mont. Aubry de la Motraye. — Les relations de voyage au XVIIe siècle.

Parmi les voyageurs de la seconde moitié du XVIIe siècle, plusieurs viennent à Constantinople de leur propre initiative, sans aucune mission officielle, et éprouvent du plaisir à rédiger, à leur retour, le récit de leurs lointaines pérégrinations. Ils le font simplement, sans forfanterie, et contribuent ainsi à resserrer les liens d'amitié entre les hommes et les monuments, témoins immobiles et sans voix.

C'est d'abord un gentilhomme angevin, François le Gouz, sieur de la Boullaye, qui, de Venise, arrive par mer à Constantinople. Il admire la situation de la ville « à la pointe de l'Europe », sur le canal relié à deux mers, avant de s'enfoncer en Perse et jusque dans l'Inde [1].

Le 2 juin 1655, Jean de Thévenot s'embarque à Civita-Vecchia et arrive en décembre à Constantinople, qu'il quitte le 30 août 1656 pour l'Anatolie, la Syrie et l'Égypte. A Sainte-Sophie il voit encore quelques mosaïques, des croix, des images que les Turcs n'avaient qu'à demi effacées. Derrière l'église, dans une petite rue, il remarque « deux grandes et grosses colonnes » que l'on attribuait à Constantin. C'étaient peut-être les restes de l'ancien portique, qui longeait la basilique, derrière l'abside [2]. Comme ses prédécesseurs, le voyageur note le contraste entre la beauté de la ville vue de l'extérieur et la laideur des rues étroites et sales [3].

Deux autres Français arrivent ensemble en 1658. Poullet et Quiclet s'étaient embarqués à Venise le 23 décembre 1657 ; à Raguse, ils partent en caravane le 8 mars 1658. Arrivés à Stamboul par la voie de terre, ils visitent eux aussi les monuments byzantins [4].

---

[1] Cf. *Les Voyages et Observations du sieur de la Boullaye — Le Gouz,* Paris, 1653, p. 1 s., 26 s.

[2] Cf. J. Ebersolt, *Sainte-Sophie de Constantinople,* Paris, 1910, p. 30.

[3] Cf. M. de Thévenot, *Relation d'un voyage fait au Levant,* Paris, 1665, p. 1 s., 34 s., 38-39, 41-42, 167. Sur la place de l'At-Meïdan le voyageur a vu les deux Obélisques et la Colonne serpentine avec ses têtes. Il signale, en outre, la Colonne d'Arcadius (Colonne historiale) et la Colonne de Constantin (Colonne brûlée).

[4] Cf. M. Poullet, *Nouvelles relations du Levant,* t. I, Paris, 1667, p. 6, 21 s., 244 s. ; *Les Voyages de M. Quiclet à Constantinople,*

Au même moment plusieurs personnages, chargés de missions diplomatiques, se rendent dans la capitale turque. En 1657, Nicholas Rolamb est envoyé par le roi de Suède Charles-Gustave[1]. En 1658, François Blondel, sieur des Croisettes et de Gallardon, suit la voie de terre, comme l'envoyé suédois, pour s'occuper à Constantinople d'une négociation importante[2]. Quelques années plus tard Henry Howard commence en 1664, un itinéraire semblable. De Vienne à Constantinople il voyage en compagnie du comte de Leslie, envoyé comme ambassadeur par l'empereur Léopold Ier auprès de sultan Mohammed IV[3]. Le comte de Leslie était aussi accompagné par un père Jésuite, Paul Tafferner, qui était chapelain de l'ambassade, et qui en fut aussi l'historiographe.

Tafferner a remarqué à Sainte-Sophie, au milieu d'une voûte ou d'un arc (*in medio fornicis*) une pein-

---

Paris, 1664, p. 1 s., 50 s., 162 s., 168 s., 177 s., 181-182. Quiclet dit à propos de Sainte-Sophie : « La voûte est toute garnie de mosaïque que les Turcs ont blanchie en quelques endroits pour y écrire le nom de Dieu ». Il voit aussi la Colonne d'Arcadius (Colonne historiale) et la Colonne en porphyre de Constantin. A l'Hippodrome il mentionne l'Obélisque de Théodose et les trois serpents de bronze avec leur tête.

[1] Cf. N. Rolamb, *A relation of a journey to Constantinople* (trad. du suédois dans A collection of Voyages and Travels, t. V, Londres, 1732, p. 669 s., 671, 681, 696). Le voyageur ne mentionne que l'Hippodrome avec ses trois monuments.

[2] Cf. Ch. Lucas, *Relation d'un voyage de Berlin à Constantinople par François Blondel* (Extrait du Bulletin de géographie historique et descriptive, I, Paris, 1900, p. 5, 9 s.).

[3] Cf. *A relation of a journey of the right honourable my lord Henry Howard from London to Vienna and thence to Constantinople,* written by John Burbury, Londres, 1671, p. 1 s., 191 s., 194, 197. Le voyageur mentionne Sainte-Sophie, l'Hippodrome avec les deux Obélisques et la Colonne serpentine avec ses têtes, les ruines de l'ancien palais de Constantin (Tekfour Séraï).

ture représentant le Jugement dernier, avec la Vierge à genoux. Comme il vient de parler de la partie occidentale de l'église avec ses cinq portes conduisant de l'exonarthex dans l'ésonarthex, on peut penser qu'il s'agit de la mosaïque, qui n'est plus visible aujourd'hui, mais qui a été relevée par des voyageurs modernes. Elle décore la grande porte du second vestibule et le personnage agenouillé ne serait pas la Vierge, mais un empereur [1]. Tafferner a pu cependant confondre la scène du Jugement dernier avec le thème de l'Hétimasie, qui était représenté sur le grand arc oriental, avec le trône du Jugement entre la Vierge et Jean-Baptiste [2]. Le personnage agenouillé serait peut-être Adam ou Ève, qui, suivant les prescriptions de l'iconographie traditionnelle, figurent prosternés devant le trône [3], ou peut-être l'empereur Jean Paléologue, dont le portrait apparaissait au-dessous de la Vierge. La peinture, d'après le chapelain, avait beaucoup souffert et les erreurs étaient permises dans l'état de délabrement où elle se trouvait alors.

Au palais de Constantin (Tekfour-Séraï) le toit était ouvert au vent et à la pluie, mais les chambranles en marbre des fenêtres étaient tous en place. L'édifice était précédé de propylées avec dix magnifiques colonnes. Dans un coin était un puits abandonné. Le bal-

---

[1] Cf. W. Salzenberg, *Altchristliche Baudenkmale von Constantinopel*, Berlin, 1854, p. 30, pl. XXVII ; E. M. Antoniadis, Ἔκφρασις τῆς Ἁγίας Σοφίας, t. I, Athènes, 1907, p. 167 s., pl. 37 ; C. Fossati, *Aya Sofia Constantinople*, Londres, 1852, p. 2.

[2] Cf. Salzenberg, *op. cit.*, p. 31 ; Antoniadis, *op. cit.*, t. III, Athènes, 1909, p. 47 s.

[3] Cf. J. Ebersolt, *Fresques byzantines de Néréditsi* (Extrait des Monuments et Mémoires publiés par l'Académie des Inscriptions et Belles-Lettres, t. XIII, 1906, p. 18, pl. V).

con qui s'étendait sur toute la façade orientale et dont il ne reste aujourd'hui que les consoles, était encore intact. Tafferner signale aussi sur la façade méridionale un petit oratoire, qui existe encore bien qu'endommagé. La partie supérieure détruite laisse apercevoir la structure intérieure. Cet oratoire est surmonté d'une coupole aveugle et se termine à l'est par une abside. Il est accolé à la façade, sur laquelle il fait saillie, et repose sur deux arceaux. Les propylées, par contre, ont complètement disparu ; ils devaient se trouver du côté de la façade septentrionale. C'est par là que l'on pénètre par des arcades ouvertes dans l'édifice dont la toiture et les étages sont complètement effondrés. Le rez-de-chaussée était recouvert de voûtes dont on voit encore les amorces sur le mur Nord. Les étages supérieurs étaient séparés par un plancher en bois; les trous dans lesquels étaient fixées les poutres sont encore visibles dans les murailles. Une toiture à charpente en bois recouvrait le tout. Devant le palais s'étendait une cour, ombragée par un portique et rafraîchie par les eaux d'une fontaine : ce sont les propylées et le puits abandonné qu'avait vus Tafferner (fig. 39, 40).

Du côté de la Corne d'Or ce dernier a vu une grande porte murée. Sur le côté droit de celle-ci était fixée une plaque de marbre blanc, sur laquelle était sculpté un Ange à l'allure virile. Sur le côté gauche apparaissait la Vierge saluée par l'Ange. L'un de ces reliefs est conservé au Musée de Constantinople. Il a été extrait d'une porte murée de l'ancien rempart près d'Eïvan-Séraï Kapou [1]. L'Ange de l'Annonciation,

[1] Cf. A. van Millingen, *Byzantine Constantinople*, Londres, 1899, p 198 ; J. Strzygowski, *Orient oder Rom*, Leipzig, 1901, p. 29.

vêtu à l'antique, s'avance d'une allure rapide tenant une longue palme. De proportions colossales, il a encore l'aspect antique des œuvres de l'art chrétien des premiers siècles [1].

En cette fin du XVIIe siècle l'activité scientifique en Orient est tout à fait remarquable. Louis XIV envoie à Constantinople pour le représenter Charles-François Olier, marquis de Nointel, qui fut un digne émule de M. d'Aramon, son actif et intelligent collègue du XVIe siècle. M. de Nointel part pour Constantinople en 1670 [2]. Il emmène avec lui un jeune orientaliste, Antoine Galland, qui devait l'accompagner aussi dans son voyage aux échelles du Levant et en Terre-Sainte. Galland avait alors vingt-quatre ans ; il venait d'achever ses études à Paris et possédait les langues

---

D'après Mordtmann, *Esquisse topographique de Constantinople*, Lille, 1892, p. 39, le pendant avec la Vierge existait encore il y a une cinquantaine d'années. G. Mendel, *Catalogue des Sculptures grecques, romaines et byzantines*, t. II, Constantinople, 1914, p. 449 s. (n° 667), voit à tort dans le relief de l'Ange une Victoire. On sait que l'art chrétien primitif a transformé les motifs païens et mythologiques en symboles chrétiens. On connaît depuis longtemps les rapports qui existent entre le Bon Pasteur et l'Hermès criophore. Les anges furent aussi figurés dans les attitudes réservées aux Victoires; Cf. L. Bréhier, *L'Art chrétien et son développement iconographique*, Paris, 1918, p. 52, 54, 91.

[1] Cf. R. P. Paulus Tafferner, *Caesarea legatio quam mandante augustissimo rom. imperatore Leopoldo I ad Portam Ottomanicam suscepit perfecitque Walterus S. R. I. comes de Leslie*, Vienne, 1672, p. 89-91, 93-94. Le voyageur a vu aussi la Colonne de porphyre et à l'Hippodrome les deux Obélisques et la Colonne serpentine avec ses trois têtes.

[2] Cf. Ch. Schefer, *Mémoire historique sur l'Ambassade de France à Constantinople par le marquis de Bonnac*, Paris, 1894, p. 24 s.; comte de Saint-Priest, *Mémoires sur l'Ambassade de France en Turquie et sur le commerce des Français dans le Levant*, Paris, 1877, p. 227.

orientales, qui devaient lui permettre de traduire en français les contes des *Mille et une nuits*, et de poursuivre en Orient des recherches très fructueuses. Dans son *Journal* il a laissé un tableau vivant et coloré du séjour qu'il fit à Constantinople en 1672 et

Photo. Sebah

Fig. 29. Sainte-Sophie. Façades sud et ouest.

1673, de ses recherches bibliographiques et de ses acquisitions de manuscrits orientaux et de médailles. Il revint en France en 1675, et partit de nouveau en Orient pour recueillir des médailles. Il devait y retourner pour la troisième fois en 1679 [1].

---

[1] Cf. Ch. Schefer, *Journal d'Antoine Galland pendant son séjour à Constantinople (1672-1673)*, t. I, Paris, 1881, p. VI, XV, 1 s.

En ce moment les recherches de manuscrits, de médailles et d'objets antiques se poursuivaient avec ferveur. La bibliothèque du roi s'enrichissait chaque année de nouvelles acquisitions. C'est alors que de Monceaux voyageait dans le Levant et rédigeait ses *Observations* où il a noté à la Porte-Dorée, derrière le Château des Sept Tours, « huit bas-reliefs incomparables, dont les figures sont comme nature ». « Ce sont, s'il m'en souvient, les travaux d'Hercule et un Mont Parnasse ; les Muses, les bras retroussés, y peignent et étrillent Pégase [1]. » Ces mêmes bas-reliefs sont signalés dans les « Instructions pour le Père Wansleben s'en allant au Levant le 17 mars 1671 »[2].

Le 19 février 1672, le chevalier Laurent d'Arvieux débarquait à Constantinople et était reçu par le marquis de Nointel qu'il venait seconder. Sa connaissance des langues orientales, qu'il avait acquises au cours d'un long séjour en Orient, avait engagé Louis XIV à lui confier, en 1668, une mission à Tunis. Il devait, après sa mission diplomatique à Stamboul, poursuivre une brillante carrière consulaire et scientifique dans le Levant. D'Arvieux reste à Constantinople jusqu'au 29 juillet 1672, et s'y plaît. Il aimait ces collines « en amphithéâtres », plantées de cyprès, et les petites maisons en bois s'étageant sur leurs pentes. « Vêtu à la turque », il pénètre à

---

[1] Cf. Observations faites par M. de Monceaux dans les voyages qu'il a faits au Levant, dans H. Omont, *Missions archéologiques françaises en Orient aux XVIIe et XVIIIe siècles*, Paris, 1902, p. 34.

[2] Cf. H. Omont, *op. cit.*, p. 60; cf. p. 853 s., 863 s., 952 s., où l'on trouve la liste des manuscrits et des médailles envoyés ou rapportés d'Orient par A. Galland, le P. Wansleben, de Monceaux et par le P. Athanase.

Sainte-Sophie, dont il mesure chaque côté en « pas géométriques ». Au sujet de Tekfour Séraï, il se refuse à y voir les restes du palais de Constantin. Ce dernier devait se trouver « dans l'endroit où est à présent le Sérail du Grand Seigneur ». Il ne s'est trompé que

Fig. 30. Sainte-Sophie, d'après le dessin de Grelot. Façades sud et ouest.

de quelques centaines de mètres sur l'emplacement véritable du Grand Palais. En ce moment les reliefs de la Colonne d'Arcadius avait été atteints par les incendies des maisons environnantes[1].

[1] Cf. *Mémoires du chevalier d'Arvieux envoyé extraordinaire du Roy à la Porte*, édit. par le R. P. J.-B. Labat, Paris, 1735, t. I, p. VII, 1 ; t. IV, p. 301 s., 447, 451 s., 457, 466-469 ; t. V, p. 1 s. D'Arvieux

Guillaume-Joseph Grelot se trouvait aussi à Stamboul, où l'avait amené le voyageur célèbre Chardin. Il y réunissait les matériaux de sa *Relation nouvelle d'un voyage à Constantinople*, qui annonce un observateur exact et judicieux. Il avait remarqué que les relations anciennes ne donnent ni plan, ni élévation, ni figure ; et il se propose de combler cette lacune. Il n'ignorait pas cependant « les grands périls qu'il y a de dessiner en Turquie » et il en fit lui-même l'expérience. A force d'énergie et de ténacité il remplit néanmoins son programme, tant lui plaisait cette « ville enchantée ».

A Sainte-Sophie il parvient à dessiner dans les galeries et à dresser un plan ; il observe attentivement les murs et les voûtes. Il aperçoit dans la coupole des « mosaïques avec diverses croix » ; mais le médaillon central, « qui était apparemment autrefois garni de quelque figure en mosaïque », était recouvert d'une couche de badigeon blanc. Par contre les grands Séraphins des pendentifs n'avaient pas encore la figure cachée par l'enduit turc. Dans la demi-coupole précédant l'abside on voyait encore « une image de la face sacrée du Sauveur sur un voile » ; au-dessous deux grands anges debout ; dans la conque de l'abside « Notre-Dame assise, tenant entre ses bras le Sauveur qui donne la bénédiction ». Cette partie de l'église était « toute encroûtée de mosaïque dorée ». Les Turcs en avaient caché les figures par plusieurs couches de chaux. Mais « ils n'ont cependant pu si bien

---

signale, en outre, la Colonne brûlée, l'Obélisque de Théodose et la Colonne serpentine. Sur d'Arvieux v. D. La Roque, *Voyage fait par ordre du roy Louis XIV*, Paris, 1717, avertissement.

faire qu'il ne soit resté quantité de ces figures, tant dans les premières galeries que dans l'église ». Au-dessus de la grande porte du vestibule intérieur, Grelot a vu aussi « les images de la Sainte Vierge, du Sauveur et de saint Jean-Baptiste avec un empereur prosterné à leurs pieds ».

Cette dernière mosaïque est bien connue. Elle représente le Christ assis sur un trône et adoré par un empereur à genoux ; de chaque côté deux bustes que Grelot identifie avec la Vierge et Jean-Baptiste, mais où l'on reconnaît aujourd'hui la Vierge et un archange, ou bien des personnifications de la Lumière et de la Paix[1]. Dans la conque de l'abside, la Vierge assise tenant l'Enfant, a été observée aussi par les voyageurs modernes. On aperçoit du reste la silhouette de cette mosaïque, comme celle de la précédente, sous le badigeon ottoman[2]. Les grands anges debout signalés par Grelot décoraient l'arc, qui précède l'abside. A cet endroit on a relevé un archange tenant le sceptre et le globe[3]. Les têtes des Chérubins aux quatre pendentifs ont été également relevés[4]. Par contre l'image « non faite de main d'homme », sous la demi-coupole en avant de l'abside, est signalée pour la première fois par Grelot. Il émet aussi une hypothèse fort juste au sujet du médaillon central de la grande coupole, qui devait être occupé par une figure. Jérôme Maurand, au

---

[1] V. plus haut p. 146.

[2] Cf. Salzenberg, *op. cit.*, p. 32; Antoniadis, *op. cit.*, t. III, Athènes, 1909, p. 33 s., 37, fig. 576.

[3] Cf. Salzenberg, *op. cit.*, p. 32, pl. XXI.

[4] Cf. Salzenberg, *op. cit.*, pl. 31, fig. 9; Antoniadis, *op. cit.*, t. III, p. 47 s.

XVIe siècle, avait vu à cet endroit un « Dieu le Père » se détachant sur un fond d'or. Cinquante ans environ avant Grelot, de Stochove avait remarqué à cette même place un portrait de « Dieu le Père » dont le visage seul était effacé [1]. A l'époque de Grelot l'image n'était plus visible. Cette mosaïque à fond d'or n'était pas une image de Dieu, comme l'ont cru les voyageurs du XVIe et du XVIIe siècle, mais celle du Christ Pantocrator, qui reste toujours voilée [2].

A l'extérieur de l'église le voyageur eut moins de peine à travailler. Il en prit deux vues, qui présentent un détail architectural intéressant (fig. 30). Sur la façade occidentale, il a dessiné « une tour, qui était autrefois le clocher, mais à présent, dit-il, elle est inutile ». Ce clocher, on le sait, a disparu. On en rapporte la construction tantôt au IXe siècle, tantôt à l'époque turque. Mais l'usage des cloches n'était pas répandu en l'an 1200, au moment où Antoine de Novgorod visite Sainte-Sophie [3]. Cet usage fut introduit par les Croisés, qui, après 1204, érigèrent cette construction et enlevèrent ainsi à la façade de la Grande Église son ancien caractère [4].

Grelot ne limitait pas à Sainte-Sophie ses investiga-

---

[1] V. plus haut p. 72, 126.

[2] Cf. Salzenberg, *op. cit.*, p. 32; Antoniadis, *op. cit.*, t. III, p. 123 s.

[3] Cf. *Itinéraires russes en Orient*, traduits par Mme B. de Khitrowo, Genève, 1889, p. 97.

[4] V. plus haut, p. 114; cf. J. Ebersolt, *Sainte-Sophie de Constantinople*, Paris, 1910, p. 6, n. 3. Des restes de cet ancien clocher subsistaient en 1847; on voyait encore un arc réunissant les deux contreforts sur lesquels s'élevait la tour; cf. C. Fossati, *op. cit.*, pl. 16. D'après E. M. Antoniadis, *op. cit.*, t. III, p. 139-140, le clocher aurait été construit au IXe siècle et aurait subsisté jusqu'au règne de Mahmoud Ier, qui restaura la façade en 1740. Il fut détruit en réalité plus tard; il est signalé encore en 1784. (V. plus bas.)

Photo. Sebah

Fig. 31. Sainte-Sophie. Vue intérieure.

tions. Il parcourait la ville et allait jusqu'à la Porte Dorée, où il a vu « deux grands bas-reliefs de marbre blanc, dont l'un représente un homme endormi appuyé sur son bras, et une déesse, qui descend du ciel tenant un flambeau à la main; ce peut être Endymion avec la Lune, qui le vient trouver; et l'autre, si je ne me trompe, représente les neuf Muses avec le cheval Pégase »[1].

En 1674, un médecin de Lyon, Jacob Spon, rencontrait un antiquaire du roi, Vaillant, qui passait dans cette ville pour se rendre en Italie. Spon se décide à partir avec lui et avec un naturaliste, Georges Wheler, qui devait rapporter de ce voyage plus de mille plantes rares. Après avoir visité l'Italie le médecin s'embarque à Venise, visite la Dalmatie, les îles de l'Archipel et arrive à Constantinople le 23 septembre 1674. Il en repart, toujours accompagné par Wheler, le 16 octobre 1675, pour l'Anatolie et la Grèce d'où il revient à Lyon par Venise, après un voyage de vingt-deux mois, au cours duquel le savant médecin avait recueilli « plus de deux mille inscriptions, cinquante manuscrits grecs et plus de six cents médailles antiques ».

Pendant ce séjour d'une année dans la capitale, Spon eut le loisir d'étudier les antiquités et de parcourir la ville turque. Il suivit souvent la grande rue, qui va de la porte d'Andrinople jusqu'au Sérail, la seule rue « passablement belle »[2]. C'est au cours d'une de ces

[1] Cf. Grelot, *Relation nouvelle d'un voyage de Constantinople*, Paris, 1680, p. 68, 79, 80, 95 s., 103, 104, 109, 127, 128, 134, 143, 147. 148, 152, 155. Le voyageur a vu aussi la Colonne d'Arcadius et dit à ce propos que la base en était entièrement cachée par des maisons.

[2] Sur cette rue v. plus haut p. 141.

promenades qu'il voit la Colonne de Marcien et en prend un croquis, inexact du reste [1]. Il observe aussi la Colonne d'Arcadius. Les figures de la base et du bas de la Colonne étaient alors fort maltraitées « plutôt par la superstition des Turcs, qui n'en veulent souffrir que par leur propre vieillesse ». A la Porte Dorée il signale encore cinq ou six reliefs, qui décoraient les propylées. L'un représente la chute de Phaéton; un autre, Hercule, qui conduit le chien Cerbère; un troisième, un Adonis dormant, Vénus, qui s'en approche, et Cupidon, qui lui prête son flambeau; « le tout d'une assez bonne manière; le reste n'est pas considérable. M. le marquis de Nointel, ambassadeur de France à la Porte, qui est extrêmement curieux, pourra un jour faire dessiner ces reliefs. » Il est regrettable que ce vœu n'ait pas été comblé, au moment où quelques-unes de ces sculptures étaient encore en place [2]. Dans le premier quart du XVIIe siècle ces douze reliefs étaient encore au complet. Peu à peu ils disparaissent les uns après les autres [3].

En ce moment Jean-Baptiste Tavernier entreprenait ses voyages en Turquie, en Perse et aux Indes.

---

[1] Cf. J. Ebersolt, *Etude sur la topographie et les monuments de Constantinople* (Extrait de la Revue Archéologique, 1909, II, p. 1-4).

[2] V. plus haut p. 132, 150, 156. J. Strzygowski, *Das goldene Thor in Konstantinopel* (Jahrbuch des Kaiserlich deutschen archaeologischen Instituts, t. VIII, 1893, p. 33), suppose que Spon n'a vu que l'un des côtés de la porte. Cependant de Monceaux ne signale déjà que huit bas-reliefs; un peu plus tard Grelot n'en compte plus que deux.

[3] Cf. J. Spon et G. Wheler, *Voyage d'Italie, de Dalmatie, de Grèce et du Levant*, La Haye, 1724, t. I, p. 1, 47, 131-139, 142, 156, 163; t. II, p. 1 s., 228-229. A l'Hippodrome Spon signale les deux Obélisques et les « trois serpents de bronze avec leur tête ». A Sainte-Sophie il ne remarque rien d'intéressant.

Lors de son premier voyage en Asie, il est obligé d'attendre à Constantinople, pendant onze mois, une caravane, qui devait le conduire en Perse[1]. Il emploie ces loisirs à observer la cour ottomane, voulant, comme il le dit dans une épître adressée à Louis XIV, en donner une peinture fidèle. A l'intérieur du Sérail, au milieu de la grande allée, qui va à la porte de la mer, il signale « une pyramide élevée sur un piédestal carré » autour duquel on a laissé croître des broussailles. « Du haut en bas de la pyramide, tout est rempli de figures dont l'on a rompu les têtes, et l'on peut juger par quelques restes qu'il y en avait une belle en haut pour le couronnement de l'ouvrage. Cette pyramide est semblable à la colonne de Trajan, qui est à Rome, et à les voir l'une et l'autre on croirait qu'elles sont d'un même maître[2]. » Ce récit de Tavernier doit être accueilli avec réserve. Il existe dans les jardins du Sérail au milieu de grands arbres, une colonne monolithe, surmontée d'un chapiteau. Mais ce que l'on sait de ce monument ne permet pas de l'identifier avec celui que décrit le voyageur français. D'après lui cette colonne aurait été semblable à celle de Trajan; elle était analogue, par conséquent, à celles de Théodose et d'Arcadius. Il est très probable que Tavernier a vu très rapidement la Colonne du Sérail, et il a cru qu'elle ressemblait à la Colonne d'Arcadius, qu'il pouvait encore voir à cette époque à Avret-bazar[3].

---

[1] Cf. *Les six voyages de J.-B. Tavernier en Turquie, en Perse et aux Indes*, t. I, Paris, 1677, p. 16 s., 22 s.

[2] Cf. J.-B. Tavernier, *Nouvelle relation de l'intérieur du Serrail du Grand Seigneur*, Paris, 1675, p. 266-267.

[3] V. plus haut, p. 22. Pouqueville, au début du XIXe siècle, a commis même erreur; v. plus loin.

Vers le même temps un Italien, Cornelio Magni, s'embarquait à Livourne et arrivait à Constantinople en mars 1672. Comme Tavernier, il s'intéresse aux choses turques ; comme Grelot, il parcourt la ville, son Pierre Gylli à la main, et compare les monuments,

Photo. Sebah

Fig. 32. Porte Dorée.

décrits par le savant d'Albi, à ceux qu'il a sous les yeux. Dans les lettres qu'il écrit de Stamboul à ses amis d'Italie, il constate l'état de délabrement et de ruine, où se trouvaient les monuments les plus célèbres. A l'Hippodrome l'Obélisque de Théodose avait sa base en partie enfouie. Les serpents de la Colonne de bronze avaient leur tête encore intacte. Mais l'Obélisque de pierre tombait en ruine. La Colonne d'Arcadius avait été atteinte par un incendie ; elle était rompue au milieu et sa chute était menaçante. Sur les reliefs calcinés on ne voyait plus qu'ici et là le contour des figures. Les mosaïques de Sainte-Sophie, « cassées en grand nombre par les Turcs », complètent ce tableau lamentable de désolation [1].

Deux Anglais visitaient alors Constantinople. Le premier John Covel fit un long séjour en Turquie de 1670 à 1679 et put visiter la citerne sous Sainte-Sophie. Elle était pleine d'eau ; les voûtes étaient soutenues par des piliers carrés, distants l'un de l'autre de douze pieds. On prétendait que cette citerne s'étendait jusque sous l'Hippodrome et qu'elle était alimentée par un aqueduc, qui, de là, passait sous le Sérail et se déversait dans la mer [2].

Le second voyageur, Th. Smith, faisait partie du collège de Sainte-Marie Madeleine à Oxford. Il visite la ville, ayant en main la *Topographie de Constantinople*, « le livre d'or », comme il l'appelle, du « très érudit » Pierre Gylli. Il s'étonne, en homme du Nord, de la sinuosité des rues, de l'absence complète de

---

[1] Cf. *Quanto di piu curioso e vago ha potuto raccorre Cornelio Magni nel primo biennio da esso consumato in viaggi e dimore per la Turchia*, Bologne, 1685, p. 1, 64 s., 148, 182-184, 201 s.

[2] Cf. J. Theodore Bent, *Extracts from the diares of Dr. John Covel 1670-1679* (Early Voyages and Travels in the Levant, The Hakluyt Society, Londres, 1893, p. 144, 170). Il est regrettable que l'éditeur n'ait pas reproduit le texte intégral du manuscrit de Covel. Je n'ai pu consulter la relation très rare de Hans Jacob Amman, qui alla en Terre sainte en passant par Constantinople; H.-J. Amman, *Reiss in das gelobte Land von Wien ausz Oesterreich durch Ungariam, Serviam, Bulgariam und Thraciam auf Constantinobel*, Zurich, 1678.

places régulières et bien ordonnées. Il est visiblement dépaysé dans cette ville tout orientale. Cependant l'inégalité des ruelles ne l'empêche pas de parcourir la ville en tous sens, de dresser la liste des portes de Stamboul, d'aller jusqu'à Tekfour-Séraï. Ici il voit plusieurs salles dont une « décorée de colonnes en marbre curieusement ouvragées ». Il s'agit sans doute du rez-de-chaussée de l'édifice, qui était voûté [1]. A Sainte-Sophie le « scholar » observe les mosaïques défigurées, avec des yeux enlevés, des visages maculés ; mais il reste « stupéfié » par la beauté du monument [2].

Si Smith put visiter longuement Sainte-Sophie, d'autres voyageurs furent moins heureux. Tel Cornelis de Bruyn qui, parti de la Haye, sa ville natale, arrive à Stamboul le 14 décembre 1678. Son grand désir était de contempler Sainte-Sophie, qui, dit-il, mérite à elle seule le voyage; « son dôme n'a pas son pareil en tout le monde. » Mais il se heurte à la porte et ne peut la voir que depuis le seuil ; « car il n'était pas alors permis aux chrétiens d'y entrer, quoiqu'ils en eussent eu la liberté peu de temps avant mon arrivée. » Il n'aperçoit que les têtes de Chérubins aux pendentifs de la coupole et, au-dessus de la porte du vestibule, une autre mosaïque « représentant le Christ assis sur un trône, un personnage prosterné à

---

[1] V. plus haut, p. 147.

[2] Cf. Th. Smith, *Epistola de moribus ac institutis Turcarum, cui annectitur brevis Constantinopoleos notitia,* Oxonii, 1674, p. 65 s., 80-88, 101-104, 117-122. A l'Hippodrome le voyageur a vu l'Obélisque de Théodose, l'Obélisque de pierre endommagé, la Colonne serpentine avec les têtes formant triangle. Il mentionne aussi la Colonne de Constantin et la Colonne d'Arcadius, qui était en mauvais état.

ses pieds ; auprès du trône la Vierge Marie ; de toutes ces figures le visage en est gâté »[1].

Le voyageur hollandais connaissait Pierre Gylli, « qui a fait une description si exacte de Constantinople », de Montconys, Spon et Wheler. S'il va à la Colonne d'Arcadius, qui était « rompue en divers endroits », il ne trouve pas l'occasion d'aller à la Colonne de Marcien, ni au monastère de la Péribleptos, qui fut la plus belle trouvaille de de Montconys. Il se borne à reproduire sur ce point la relation de ce dernier. Cornelis de Bruyn avait été dangereusement malade pendant son séjour d'un an et demi. Il repart le 1er juillet 1680, pour continuer son voyage en Palestine, en Syrie et en Égypte. Il avait un réel talent de dessinateur et son *Voyage au Levant* est rempli de gravures reproduisant les villes, les sites ou les monuments des régions qu'il parcourait. La partie, qui concerne Constantinople, est malheureusement la moins bien illustrée. La fièvre dont sont atteints parfois les voyageurs de passage sur les rives du Bosphore, en fut sans doute la raison. Ses vues panoramiques ou à vol d'oiseau de Stamboul sont d'une jolie facture, mais n'apportent aucun élément nouveau à la connaissance de la ville. Il apprécie en artiste le panorama « du plus beau port du monde ». Je ne crois pas, dit-il, que sous le ciel on puisse trouver une plus belle vue[2]. »

---

[1] Sur cette mosaïque, v. plus haut, p. 153.

[2] Cf. C. de Bruyn, *Voyage au Levant*, Delft, 1700, p. 1 s., 40-41, 47-51, pl. 22. A. B. C., 23. Il a vu aussi la Colonne de Constantin, toute noircie; à l'Hippodrome l'Obélisque de Théodose et la Colonne serpentine. Il dit à propos de cette dernière : « La partie du dessous de la bouche d'un des serpents est rompue. » D'après les uns Mahomet II l'aurait frappée d'une hache d'armes ; d'après les autres

FIG. 33. Porte Dorée; détail des Propylées.

Giovanni Battista Donado, sénateur vénitien, qui séjourna de 1680 à 1684 comme baile de la République près la Porte Ottomane, n'a raconté que les événements politiques dont il fut le témoin[1]. Son compatriote Michele Benvenga a laissé par contre une *Description de Constantinople.* Certes les bazars, les mosquées et les mœurs turques l'intéressent avant tout ; mais il trouve le temps d'observer autre chose et de comparer les monuments de la Nouvelle Rome avec ceux de l'Ancienne. La Colonne d'Arcadius est toute semblable par sa forme, sa hauteur, ses sculptures à la Colonne Trajane. Sainte-Sophie lui rappelle, en de plus vastes proportions, le Panthéon d'Agrippa. Il y retrouve un souvenir de Venise, d'où il venait. A l'est de la Grande Église, sur une petite place presque triangulaire et contiguë au Sérail, il aperçoit l'endroit, où se trouvaient les chevaux de

---

le sultan Mourad lui aurait donné un coup de javelot. Sur cette tradition, v. plus haut, p. 130, n. 1. La mâchoire de serpent, qui est conservée au Musée de Constantinople, est la mâchoire supérieure et non la mâchoire inférieure. Benvenga rapporte la même tradition que de Bruyn au sujet de cette mâchoire cassée (V. plus bas, p. 166, n. 1). Cependant à la fin du XVIIe siècle et au commencement du XVIIIe, de la Motraye dessine la Colonne avec ses trois têtes (v. plus bas p. 168, n. 2). Milady Montague, en 1717-1718, a vu les trois serpents avec la gueule béante (v. plus bas). On ne peut donc pas tirer de conclusion précise sur l'époque à laquelle la mâchoire a été enlevée à la Colonne. Cf. O. Frick, *Das plataeische Weihgeschenk zu Konstantinopel*, *loc. cit.*, p. 554, pl. 1, 2; S. Reinach, *Chroniques d'Orient*, 2e série, Paris, 1896, p. 244. F. Bourquelot, *La Colonne serpentine à Constantinople*, (Mémoires de la Société des Antiquaires de France, t. 28, 1865, p. 46) prétend qu'une mâchoire fut détruite dans la deuxième moitié du XVIIe siècle. Cependant l'on ignore si la mâchoire conservée provient de la mutilation, qui eut lieu à cette époque, ou de celle qui eut lieu plus tard. (V. plus bas.)

[1] Cf. A. Benetti et F. M. Pazzaglia, *Viaggi a Costantinopoli di G. B. Donado*, Venise, 1688.

Fig. 34. Porte Dorée ; un des arcs murés.

bronze de Saint-Marc, qui semblaient autrefois « saluer de leur hennissement les premiers rayons du soleil » [1].

L'emplacement des piliers des fameux chevaux de bronze a varié au cours des siècles. D'après une tradition byzantine, les chevaux se dressaient à l'Hippodrome, où ils étaient bien dans leur cadre [2]. Dans la première moitié du XVe siècle, les piliers sont signalés par Buondelmonti et Bertrandon de la Broquière près de la Colonne de Justinien [3]. Celle-ci s'élevait, on le sait, près de l'angle sud-ouest de Sainte-Sophie, sur l'ancienne place de l'Augustéon [4]. Les quatre piliers en porphyre, qui servaient de support aux chevaux de bronze, furent donc transportés de l'Hippodrome sur la place, qui s'étend au sud de Sainte-Sophie (Aya-Sofia-Meïdan). Les Turcs les auraient ensuite transportés sur la place du Sérail (Séraï-Meïdan), à l'est de Sainte-Sophie [5].

A la fin du XVIIe siècle les voyageurs, qui arrivent à

---

[1] Cf. M. Benvenga, *Viaggio di Levante con la descrittione di Costantinopoli*, Bologne, 1688, p. 27 s., 105, 107, 109-112. A l'Hippodrome le voyageur signale l'Obélisque de Théodose et les serpents de bronze avec la gueule ouverte; l'un d'eux avait une mâchoire cassée. (V. plus haut, p. 162, n. 2.)

[2] V. plus haut, p. 57.

[3] V. plus haut, p. 59-60, 47.

[4] V. plus haut, p. 78.

[5] Cf. C. Fossati, *Aya Sofia Constantinople*, Londres, 1852, p. 5, prétend que les chevaux de bronze se trouvaient autrefois sur les quatre piliers, qui se détachent au milieu de la façade occidentale de Sainte-Sophie. W. Salzenberg, *Altchristliche Baudenkmale von Constantinopel*, Berlin, 1854, pl. XII, représente, sur la restauration de cette façade, des statues équestres surmontant ces piliers. Mais ces piliers ne semblent pas avoir été construits pour servir de supports à des statues. Ils étaient destinés, avec les contreforts, à consolider la demi-coupole occidentale. C'est sur ces piliers que fut

Constantinople, ont lu auparavant les relations de leurs devanciers. Pierre Gylli reste toujours la principale autorité ; mais d'autres voyageurs sont parvenus à la notoriété. Cornelis de Bruyn avait déjà cité de Montconys, Grelot, Spon et Wheler. Deux autres voyageurs, Du Mont et Aubry de la Motraye, ont consulté les mêmes auteurs.

Du Mont, qui est à Constantinople en 1690, mentionne un fait nouveau dans la Grande Église. Les quatre Chérubins des pendentifs avaient « leur face biffée ». Les Turcs avaient traité de la même façon la mosaïque, qui décorait la porte principale du vestibule intérieur. Dix ans auparavant, Cornélis de Bruyn avait vu ces mosaïques découvertes [1].

Avec Aubry de la Motraye finit le XVIIe siècle et le XVIIIe siècle commence. Il arrive à Constantinople en juin 1699, et interrompt son séjour par des voyages en Asie Mineure, à Salonique, au Mont Athos, en Thrace et dans les îles de l'Archipel. Il était encore à Stamboul en 1710. Pendant ses longues pérégrinations en Orient il recueille des inscriptions et des

---

élevé l'ancien clocher (V. plus haut, p. 154; cf. J. Ebersolt, *Sainte Sophie de Constantinople*, Paris, 1910, p. 6, n. 3). Du reste les chevaux de Saint-Marc n'étaient pas placés sur des piliers en maçonnerie, comme ceux de la façade occidentale de Sainte-Sophie mais sur des piliers en porphyre. Près de Sainte-Irène on voit encore un énorme fragment en porphyre, qui est peut-être un de ces piliers.

[1] Cf. *Voyage de M. Du Mont en France, en Italie, en Allemagne, à Malte et en Turquie*, t. II, La Haye, 1699, p. 73, 82, 83, 86, 88. Le voyageur a vu aussi la Colonne d'Arcadius (Colonne historiale) et la Colonne de Constantin (Colonne brûlée). A l'Hippodrome il signale l'Obélisque de Théodose, l'Obélisque en pierre « qui commençait à se ruiner », la Colonne serpentine avec « trois têtes sifflantes qui menacent »,

médailles, observe les événements, étudie les mœurs musulmanes et aussi les édifices dont il donne quelques dessins. Il insère dans sa relation un plan des galeries de Sainte-Sophie, avec des dessins montrant les diverses attitudes des Turcs en prière. A propos de la Colonne d'Arcadius il dit : « Elle a été abattue depuis mon départ, après avoir été souvent endommagée par les incendies, ce qui faisait craindre aux Turcs qu'elle ne tombât un jour d'elle-même et que cette chute ne fut fatale à un grand nombre de maisons et d'habitants. Ils ont donc jugé à propos de la démolir [1]. » Ce vénérable témoin allait disparaître, lui aussi, et de la Motraye fut un des derniers voyageurs, qui eut le privilège de le contempler [2].

* * *

Ainsi, au XVIIe siècle, comme au XVIe, les œuvres d'art continuent à disparaître et à s'endommager. La Colonne d'Arcadius se disloque peu à peu. A l'Hippodrome l'Obélisque de pierre se désagrège. A Tekfour-Séraï la toiture s'est effondrée. A Sainte-Sophie les dernières mosaïques à figures disparaissent sous le badigeon. Mais Constantinople conservait encore des monuments remarquables dont les voyageurs du siècle ont laissé de précieuses descriptions. De Sto-

---

[1] Sur la disparition de cette Colonne, v. plus bas.

[2] Cf. *Voyages du Sr A. de la Motraye en Europe, Asie et Afrique*, t. I, La Haye, 1727, p. 176, 210, 224-225, 266; pl. XV, plan des galeries de Sainte-Sophie; pl. XVI, dessin de l'Hippodrome avec l'Obélisque de Théodose, l'Obélisque de pierre « à demi ruiné » et la Colonne serpentine, qui a ses trois têtes. Le voyageur a vu aussi la Colonne de Constantin et la Colonne de Marcien.

chove, de Montconys, Tafferner, Grelot et Spon possèdent le flair de l'archéologue et mettent la main sur le document inédit. Il faudra toujours regretter qu'ils n'aient pas fait, comme les orientalistes Galland et d'Arvieux, des études préalables, qui les auraient mis en possession d'une méthode d'investigation plus sûre. Leurs impressions sont trop superficielles, leurs observations restent groupées en un amas confus. Ils n'y mettent aucune critique naturellement. Toutefois dans la seconde moitié du siècle, ils s'inquiètent un peu des travaux de leurs prédécesseurs. S'ils font encore une place trop grande aux anecdotes, les détails deviennent plus précis[1]. Le voyageur sent qu'il doit mettre à côté de sa description une reproduction du monument. Les cartes, les gravures se multiplient. Si le dessin n'a pas encore l'exactitude rigoureuse du relevé, du moins l'on constate le désir de donner au moins une idée d'ensemble de l'édifice.

Plusieurs de ces voyageurs sont des chargés de mission, soutenus et encouragés par Louis XIV et par Colbert, qui, suivant l'exemple de François Ier, des cardinaux de Tournon et d'Armagnac, avaient compris l'utilité des recherches en Orient. Les esprits se tournent de plus en plus du côté du Levant. En 1648, paraît le premier volume de la *Byzantine du Louvre*, et cette grande œuvre est encouragée par Louis XIV et par Colbert. Du Cange (1610-1688) y participe, et publie, en 1680, son imposante *Constantinople chrétienne*, qui est, comme tous ses ouvrages, un modèle de critique et de méthode rigoureuses[2]. Il y réunit

---

[1] Cf. P. Martino, *L'Orient dans la littérature française au XVIIe et au XVIIIe siècle*, Paris, 1906, p. 57-59.

[2] Cf. C. Du Fresne Du Cange, *Constantinopolis christiana seu*

non seulement les textes des auteurs byzantins, mais les renseignements que lui fournissent les voyageurs ou ceux qu'il trouve dans leur relation. Il reproduit en tête de son volume le plan de Constantinople par Christophore Buondelmonti ; il publie des vues et un plan de Sainte-Sophie ; il utilise les ouvrages de Gylli, de Thevet, de Dousa, de Spon [1]. Il avait une grande estime pour ces témoins du xve, du xvie et du xviie siècle, qui avaient traversé les mers. Ceux-ci soutenaient et confirmaient sa vaste érudition, en lui faisant connaître mieux cette ville, qui fut l'objet constant de son labeur et de ses recherches.

---

descriptio urbis Constantinopolitanae qualis extitit sub imperatoribus christianis ex variis scriptoribus contexta et adornata, Paris, 1680.

[1] Cf. Du Cange, *op. cit.*, lib. I, p. 79; lib. II, p. 105, 106; lib. III, p. 5.

CHAPITRE VI

Les Voyageurs du Levant au XVIIIe siècle

J. Pitton de Tournefort. Paul Lucas. Le comte de Caylus. Milady Montague : chute d'une partie de la Colonne d'Arcadius. De Saumery : aspect de la ville. Sevin. Tollot. Otter : la Colonne serpentine découronnée. Les artistes van Mour et de Favray : vue de la place de l'At-Meïdan. Charles Perry. Le comte de Sandwich : une Colonne à l'extrémité de l'Hippodrome; restes du fût de la Colonne d'Arcadius. Le baron de Tott : la couverture en plomb de Sainte-Sophie. Carstens Niebuhr : l'Obélisque égyptien. Lord Baltimore. Le pèlerin russe Ignace. Richard Pococke : les églises, les Colonnes, Tekfour Séraï. Dominique Sestini : nouvelles sculptures; l'ornement zoomorphique et céramoplastique de Tekfour-Séraï; le monastère de la Péribleptos. Joseph Moreno; une mission espagnole : études à Sainte-Sophie. Jean Potocki. Le comte de Ferrières-Sauvebœuf. L'ambassade du comte de Choiseul-Gouffier; ses collaborateurs : F. Kauffer, J.-B. Lechevalier : découvertes et observations nouvelles; la question de la date de Tekfour Séraï. Milady Craven. Les artistes Willey Reveley et Luigi Mayer. Salabery : un sarcophage en porphyre. Olivier. Cosimo Comidas de Carbognano; James Dallaway : disparition des reliefs de la Porte Dorée. Les peintres Castellan et Melling. — Les relations de voyage au XVIIIe siècle.

Jusqu'à la fin de son règne Louis XIV continue à renvoyer dans le Levant des personnes capables d'y « rechercher des médailles, des pierres gravées et d'autres monuments dont il voulait enrichir sa bibliothèque et son cabinet ou d'y faire des observations non seulement sur l'histoire naturelle et sur la géographie ancienne et moderne, mais encore sur ce qui regarde le commerce, la religion et les mœurs des différents peuples ».

C'est ainsi que le savant botaniste Joseph Pitton de Tournefort est choisi par le roi sur la proposition du comte de Pontchartrain, secrétaire d'État, chargé du soin des Académies. « Je fus ravi, dit-il, de trouver cette nouvelle occasion de satisfaire la forte passion que j'ai toujours eue pour aller dans les pays étrangers étudier la nature et les hommes avec plus de certitude qu'on ne fait dans les livres. » Il s'embarque à Marseille le 23 avril 1700 avec un peintre, Aubriet. De Constantinople il va jusqu'à la frontière de Perse et revient en France en 1702, rapportant une quantité de nouvelles espèces de plantes, des cartes, des plans de villes, des inscriptions et des médailles.

A Constantinople, il est reçu par l'ambassadeur, le marquis de Ferriol, et commence aussitôt à visiter la ville. Il en décrit sommairement les murs et fait à propos de Tekfour-Séraï, « ce vieil édifice ruiné », cette remarque : « C'est peut-être le reste de quelque maison que Constantin Porphyrogénète a fait bâtir, car le palais du grand Constantin était dans la première région de la ville où est présentement le Sérail. » Tournefort connaissait Buondelmonti, Gylli, Spon, Wheler et Du Cange. Guidé par eux, il visite les autres monuments et ajoute modestement : « Nous n'avons pas fait de découvertes à Constantinople par rapport aux antiquités. » Par contre il trouve « à la campagne des plantes rares pour embellir le jardin royal »[1].

Quelques années plus tard Louis XIV envoie en Orient le voyageur et antiquaire Paul Lucas, qui avait déjà envoyé du Levant, en 1708, à Monseigneur de Pontchartrain des médailles antiques, des manuscrits orientaux, des pierres gravées et des inscriptions[2]. Il séjourne à Constantinople en 1714 et en 1715. N'ayant pas le « dessein de donner une relation de Constantinople », il regarde autour de lui, observe les événements, les coutumes et les pratiques religieuses des Turcs, les fêtes du Ramazan et du Baïram, et assiste à un de ces incendies, qui périodiquement ravageaient la ville turque[3].

---

[1] Cf. Pitton de Tournefort, *Relation d'un voyage du Levant fait par ordre du roy*, t. I, Paris, 1717, p. 1 s., 464 s., 475 s. Le voyageur a vu la Colonne de Constantin, la Colonne de Marcien, la Colonne « historique » dont les reliefs, « maltraités par le feu, représentent les victoires de l'empereur Arcadius ». A l'Hippodrome il signale les deux Obélisques et la Colonne serpentine. Il a eu grande envie, dit-il, d'aller voir les bas-reliefs de la Porte Dorée, mais il a préféré visiter les bazars. Il faut signaler aussi la *Relation d'un voyage du chevalier de Bellerive, d'Espagne à Bender, et de son séjour au camp du roy de Suède*, Paris, 1713. De Bellerive, qui se rend en Russie, auprès de Charles XII, visite Constantinople, entre au Sérail, va à l'Hippodrome, où il est surpris « de voir une colonne de marbre d'une hauteur incroyable ». Il s'agit sans doute de l'Obélisque de Théodose. Ancien officier de dragons, il s'intéresse surtout aux armées d'Ahmed III, et fait quelques remarques sur les mœurs et la religion des Turcs. (*Ibid.*, p. 11 s., 22, 102, 174.)

[2] Cf. H. Omont, *Missions archéologiques françaises en Orient aux XVIIe et XVIIIe siècles*, Paris, 1902, p. 317, 863, 1051, 1055, 1066.

[3] Cf. *Troisième voyage du sieur Paul Lucas fait en 1714 par ordre de Louis XIV dans la Turquie, l'Asie, la Sourie, la Palestine, la Haute et la Basse Egypte*, t. I, Rouen, 1719, p. 2 s., 21 s., 67, 81 s., 104. Le t. III, p. 311 s., contient le Catalogue des principales curiosités que l'auteur a rapportées de son troisième voyage.

En 1716 arrive le marquis de Bonnac, l'ambassadeur de Louis XV [1]. Il avait fait le voyage en compagnie du comte de Caylus, qui rédigea quelques *Observations sur Constantinople* [2]. L'année suivante, en juin 1717, arrivait l'ambassadrice d'Angleterre, milady Montague, qui écrivit durant son séjour des lettres pleines d'esprit et d'observations les plus fines. Sa situation lui permit de pénétrer dans certains milieux; elle vit ce qu'une femme seule pouvait voir. Au Sérail elle eut accès auprès de la sultane Hafiten. Mais sa curiosité la porte aussi vers les monuments.

Elle éprouve cependant de grandes difficultés pour obtenir l'autorisation d'entrer à Sainte-Sophie, où elle remarque que « le toit est tout en mosaïque dont une grande partie se détache et tombe de temps en temps ». Elle n'est point pédante. « Voilà une description bien imparfaite, dit-elle, d'un édifice aussi célèbre ; mais je me connais si peu en architecture que je crains de dire quelque balourdise en entrant dans de plus grands détails. » Elle ajoute un fait important « C'est que la Colonne historique n'existe plus ; elle est tombée environ deux ans avant notre arrivée ici [3]. »

---

[1] Cf. Ch. Schefer, *Mémoire historique sur l'Ambassade de France à Constantinople par le marquis de Bonnac,* Paris, 1894, p. V, XXI. Une gravure (p. 1) représente la réception de l'ambassadeur par le sultan Ahmed III.

[2] Ces *Observations* furent publiées en 1802 dans les *Lettres sur Constantinople de M. l'abbé Sevin*, Paris, 1802, p. 403, 410. De ces remarques du comte de Caylus, une seule est à retenir. Il prétend que les trois têtes de la Colonne de l'Hippodrome n'existent plus.

[3] Cf. *Lettres de Milady Montague,* trad. de l'anglais par P. H. Anson, t. I, Paris, 1805, p. 1 s., 313; t. II, p. 10, 37 s., 43 s., 46 s., 50. A l'Hippodrome l'ambassadrice a vu l'Obélisque de Théodose et la Colonne de bronze « formée de trois serpents ayant la gueule béante ».

Ainsi c'est sous le règne d'Ahmed III, vers 1715, que la Colonne d'Arcadius, ou du moins, on le verra plus loin, une partie de son fût a disparu [1].

Le fait est confirmé par de Saumery, un bourgeois de Liège, qui débarque à Constantinople le 1er mars

Fig. 35. « Maison de Justinien ». Façade sur la mer.

1720 et y demeure jusqu'en 1724. Lui aussi déclare que la Colonne d'Arcadius a été détruite un peu avant

---

[1] D'après plusieurs auteurs modernes la Colonne d'Arcadius aurait été abattue par le gouvernement turc en 1719 à la suite d'un tremblement de terre qui l'aurait ébranlée; cf. Unger, *Quellen der byzantinischen Kunstgeschichte*, Vienne, 1878, p. 180; *Ueber die vier Kolossal-Säulen in Constantinopel* (Repertorium für Kunstwissenschaft, t. II, 1879, p. 122); J. Strzygowski, *Die Säule des Arkadius in Konstantinopel* (Jahrbuch des Kaiserlich deutschen archaeologischen Instituts, t. VIII, 1893, p. 231); Th. Reinach

son arrivée. Au XVIIIe siècle la ville avait le même aspect qu'au XVIIe. C'est toujours un « amas confus de maisons basses sans architecture, sans ornement, sans goût, séparées les unes des autres par un nombre presque infini de rues petites, étroites et très malpropres ». « Cependant cette espèce de cahot forme un des plus charmants spectacles de l'univers quand on l'envisage de loin; sa situation admirable est si au-dessus du commun qu'il est difficile d'arracher la vue de cet objet qui paraît enchanté »[1].

Louis XV, continuant les traditions de Louis XIV, chargeait, en 1728, l'abbé Sevin d'une mission scientifique. Il devait travailler « dans la bibliothèque du Grand Seigneur ou plutôt dans celle des anciens empereurs de Constantinople, qui lors de la prise de la ville fut soigneusement conservée par le comman-

---

(Revue des Etudes grecques, t. IX, 1896, p. 79-80). Selon A. Geffroy, *La Colonne d'Arcadius à Constantinople* (Monuments et Mémoires publiés par l'Académie des Inscriptions et Belles-Lettres, t. II, 1895, p. 101), elle aurait subsisté jusqu'en 1720 environ. C'est en réalité avant 1719 que la partie supérieure de la Colonne est tombée. Milady Montague arrive à Constantinople en 1717; de Saumery, qui y est en 1720, confirme le fait. Sur la partie du fût qui fut épargnée, v. plus loin.

[1] Cf. M. de Saumery, *Mémoires et aventures secrètes et curieuses d'un voyage du Levant*, t. I, Liège, 1732, p. 1 s., 27 s., 76, 78, 93, 103-106; t. III, p. 1, 222. A l'Hippodrome le voyageur a vu, outre les deux Obélisques, la Colonne serpentine, au sujet de laquelle il s'exprime ainsi : « Depuis quelques années cette Colonne a été mutilée par un sultan, qui abattit d'un coup de cimeterre la tête d'un des serpents. » Si l'époque à laquelle l'une des têtes ou l'une des mâchoires a été enlevée ne peut être fixée avec exactitude par suite des témoignages contradictoires, il paraît certain que la Colonne fut tout à fait privée de son couronnement au cours du XVIIIe siècle. Les témoignages des voyageurs concordent à partir de cette époque. (V. plus haut, p. 130, n. 1, 162, n. 2; v. plus loin, p. 177).

dement exprès de Mahomet II ». Mais ses tentatives n'aboutissent pas et il doit se borner aux recherches et aux acquisitions pour la bibliothèque du roi. Il écrivait au comte de Caylus des lettres, où il le tenait au courant de ses recherches, qui devaient aboutir à l'acquisition d'environ six cents manuscrits [1].

Tollot, qui n'avait pas de mission officielle, fait, en 1731 et 1732, le tour de la Méditerranée, assiste à une audience du Grand Seigneur et visite rapidement les curiosités de la capitale [2]. Un peu plus tard Otter est envoyé par le roi pour se perfectionner dans l'étude des langues orientales. Arrivé le 10 mars 1734, il séjourne jusqu'au 24 novembre 1736, date à laquelle il entreprend son voyage en Perse. Il énumère les mutilations dont les monuments anciens sont l'objet. A Sainte-Sophie les mosaïques sont « détruites et cassées ». A l'Hippodrome les trois serpents de bronze ont « leur tête coupée [3] ». C'est, en effet, au cours du XVIIIe siècle que la Colonne serpentine, qui porta le trépied de Delphes, fut privée de son couronnement [4].

Des artistes viennent aussi sur les rives du Bos-

---

[1] Cf. *Lettres sur Constantinople de M. l'abbé Sevin*, édit. par l'abbé Bourlet de Vauxcelles, Paris, 1802, p. 1, 20 s., 24 s.; H. Omont, *op. cit.*, p. 433, 1078 s., 1095 s.

[2] Cf. Tollot, *Nouveau voyage fait au Levant ès années 1731 et 1732*, Paris, 1742, p. 2 s., 280, 322, 337. A Sainte-Sophie le voyageur note que les Turcs ont enduit de plâtre une partie des murs; il n'y a que la voûte fort élevée, qui conserve des mosaïques. A l'Hippodrome il mentionne les deux Obélisques et la Colonne serpentine.

[3] Cf. Otter, *Voyage en Turquie et en Perse*, t. I, Paris, 1748, p. 1, 7, 25, 27, 35; H. Omont, *op. cit.*, p. 761 s.

[4] V. plus haut, p. 176, n. 1.

phore au XVIIIe siècle. Jean-Baptiste van Mour, peintre ordinaire du roi en Levant, puis Antoine de Favray, chevalier de Malte et peintre du Bosphore, y dessinent, entre autres, cette place de l'At-Meïdan, qui était le rendez-vous de tous les voyageurs [1]. D'autres voyageurs ne font guère que passer à Stamboul. Tel l'Anglais Charles Perry au cours de son voyage en Syrie, en Égypte et en Grèce [2]. Le comte de Sandwich ne prétend pas non plus « donner une description exacte de la grande cité, comme plusieurs auteurs parmi lesquels Petrus Gyllius est celui qui a la réputation d'avoir écrit avec le plus de véracité ». A l'extrémité de l'Hippodrome, il voit un peu au-delà de l'Obélisque de pierre une colonne « sans chapiteau ni inscription, mais avec son piédestal, cachée par plusieurs maisons turques ». Cette colonne, qui n'a été signalée par aucun autre voyageur du XVIIe et du XVIIIe siècle pouvait être le dernier reste de l'ancien portique circulaire de l'Hippodrome [3].

A Sainte-Sophie le voyageur anglais relate un fait curieux. «La cavité du dôme est ornée, de même que tous les murs de la mosquée, de mosaïques représentant des saints, des croix et autres symboles de la religion chrétienne. » Les Turcs, qui les ont détruites, se sont efforcés de les réparer, en peignant les parties disparues d'après le modèle des parties qui avaient été épargnées. Cet affreux badigeon ne semble pas avoir beaucoup troublé le comte de Sand-

---

[1] Cf. A. Boppe, *Les peintres du Bosphore au dix-huitième siècle*, Paris, 1911, p. 1 s., 49-50, 57 s., 98.

[2] Cf. Ch. Perry, *A view of the Levant particularly of Constantinople, Syria, Egypt and Greece*, Londres, 1743, p. 27.

[3] Sur ce portique, v. plus haut, p. 88 s.

Fig. 36. « Maison de Justinien ». Détail de la façade.

wich. D'après lui, la Colonne d'Arcadius n'aurait pas été aussi complètement détruite que l'avaient prétendu milady Montague et de Saumery [1]. « Toute la Colonne, dit-il, est à l'état de ruine ; les Turcs l'ont entourée de plusieurs cercles de fer, pour empêcher sa chute, qui entraînerait la ruine de toutes les maisons voisines.[2] » En 1738-1739 une partie du fût existait encore : la partie supérieure seule était tombée vers 1715 [3].

Dans la seconde moitié du siècle l'activité de certains voyageurs est aussi féconde qu'aux XVIe et XVIIe siècles. Le baron de Tott, attaché à l'ambassade de France sous M. de Vergennes, arrive le 21 mai 1755. Il est charmé « par la beauté du coup d'œil que présente Constantinople » ; il l'est beaucoup moins par l'aspect intérieur de la ville, dont les rues sont toujours mal pavées, étroites et sales. Sainte-Sophie ne le transporte pas d'enthousiasme ; il trouve qu'on l'a trop « vantée ». Il y admire cependant les mosaïques, et a vu aux pendentifs de la coupole « le bout des ailes des quatre Chérubins. » Il ajoute : « L'obstination des Turcs à barbouiller cette coupole avec une eau de chaux ne laisse plus rien apercevoir aujourd'hui de ces mosaïques et l'on achève d'ailleurs de les

---

[1] V. plus haut, p. 174.

[2] Cf. *A voyage performed by the late earl of Sandwich round the Mediterranean in the years 1738 and 1739, written by himself*, Londres, 1799, p. 124-128, 130, 132. Le voyageur signale aussi la Colonne en porphyre de Constantin, à l'Hippodrome les deux Obélisques et la Colonne serpentine.

[3] On sait qu'actuellement il ne reste de la Colonne que l'énorme piédestal avec le tore de la base du fût. Ce soubassement puissant n'est pas cerclé de fer. Les cercles de fer, signalés par le voyageur anglais, devaient maintenir le fût de la Colonne.

détruire en continuant d'en arracher des lambeaux. » La Grande Église avait aussi subi à cette époque les atteintes du feu. Le baron de Tott décrit l'incendie qui « consuma les deux tiers de cette immense ville » peu de temps après son arrivée. « On pouvait cependant espérer qu'en s'approchant de Sainte-Sophie, la masse de cet édifice lui donnerait des bornes. Tous

Fig. 37. « Maison de Justinien ». Chapiteau d'une arcade.

les secours s'étaient portés de ce côté et l'on se flattait d'y arrêter le progrès des flammes quand le plomb de la coupole, fondu par la chaleur de l'atmosphère, ruisselant par les gouttières de pierre sur la foule des gardes et des travailleurs, laissa un champ libre à l'activité du feu [1]. »

Ainsi la couverture en plomb de Sainte-Sophie fut

[1] Cf. *Mémoires du baron de Tott sur les Turcs et les Tartares*, t. I, Amsterdam, 1785, p. 1, 4, 7, 15, 231-233.

transformée en torrents de métal liquide vers 1755. La couverture actuelle est donc de date relativement récente. Mais le plomb, qui fondit vers le milieu du XVIIIe siècle, était-il l'ancienne couverture de l'époque byzantine ? Dans les dernières années du XIVe siècle ou dans les premières années du XVe siècle, Schiltberger a vu l'église recouverte de lames de plomb [1]. A la fin du XVe siècle, Arnold von Harff a remarqué aussi la couverture en plomb des toitures [2]. Avant la prise de la ville par les Ottomans et après la date de 1453, la superstructure n'avait pas changé. Les Turcs ont continué en ceci l'ancienne tradition byzantine.

Le voyageur danois Carstens Niebuhr, qui s'embarquait à Copenhague en janvier 1761 pour se rendre en Égypte et en Arabie, s'arrête à Constantinople. Il lève un plan de la ville, en se servant uniquement d'une petite boussole et de ses pas. Il travaille à l'Hippodrome où il voit « le triple serpent mutilé » et étudie l'Obélisque égyptien, dont il copie tous les hiéroglyhes [3].

Lord Baltimore, qui fait un séjour à Stamboul en 1763 et en 1764, n'est pas plus enthousiasmé que le baron de Tott par Sainte-Sophie « qui n'est pas à comparer, dit-il, à deux ou trois autres des principales mosquées ». Ce lord s'intéressait davantage aux mœurs turques et aux janissaires [4].

---

[1] V. plus haut, p. 47.

[2] V. plus haut, p. 69.

[3] Cf. C. Niebuhr, *Voyage en Arabie et en d'autres pays circonvoisins*, t. I, Amsterdam et Utrecht, 1776, p. 1, 18-26, pl. III, IV. En ce qui concerne le plan, le voyageur reconnaît que « les rues ne sont marquées qu'arbitrairement et pour remplir le vide. »

[4] Cf. Lord Baltimore, *A tour to the East in the years 1763 and*

Cependant le mouvement des pèlerins russes vers Constantinople, le Mont Athos et la Terre sainte continue. L'un d'eux, le père Ignace, a laissé une des-

Fig. 38. Tour d'angle près de la « Maison de Justinien ».

cription très sommaire de Tsargrad, « la grande et

1764 with remarks on the city of Constantinople and the Turks, Londres, 1767, p. 1 s., 57, 69.

belle ville ». Il célèbre la magnificence de Sainte-Sophie, « qui, dit-il, n'est pas connue chez nous en Russie. » Comme ses confrères du moyen âge, il se rend dans les églises, mais n'y trouve « aucune relique de saints », si ce n'est dans l'église du patriarcat grec. Navré sans doute, il fait un dernier pèlerinage à l'église des Saints-Apôtres, où se trouvaient les restes de Constantin et de sa mère Hélène. Là, devant la mosquée de Mohammed, il maudit le Turc conquérant [1].

Avec Richard Pococke l'exploration de la ville gagne en étendue. Il visite l'église de Saint-Jean-Baptiste de Stoudios, qui avait ses deux ordres de colonnes intactes et n'avait pas encore été atteinte par l'incendie de 1782 [2]. A l'église du Christ Pantocrator, les mosaïques représentaient « les figures des Apôtres et l'histoire de notre Sauveur dans différents compartiments au bas desquels était une explication en grec ; mais les Turcs avaient effacé les visages de toutes les figures. » Cette observation avait été déjà faite par de Montconys un siècle plus tôt [3]. Mais la remarque du voyageur anglais prouve que le cycle de l'histoire évangélique était très étendu. Outre Sainte-Sophie et l'église des Blachernes, dont il ne restait que quelques vestiges, il signale quatre autres églises transformées en mosquées, mais il ne les décrit point parce que, selon lui, « elles n'ont rien de remarquable ».

---

[1] Cf. V. N. Chitrovo, *Opisanie putečestvia otsa Ignatija v Tsargrad, Afonskuju goru, svjatuju Zemlju i Egipet 1766-1776 gg.* (Pravoslawnyj Palestinskij Sbornik, t. 36, 1891, p. 2-4.)

[2] Cf. J. Ebersolt et A. Thiers, *Les Eglises de Constantinople*, Paris, 1913, p. 5.

[3] V. plus haut, p. 133.

A Tekfour-Séraï, il a vu « deux colonnes, qui soutenaient un balcon au-dessus de la porte, qui conduisait d'une cour au corps du palais ». Elles étaient sans doute les restes des propylées, que Tafferner avait vu intacts au XVIIe siècle [1]. Enfin, d'après Pococke, la Colonne de Constantin avait encore son piédestal de marbre, mais fort endommagé ; la Colonne de Marcien avait son soubassement entouré de marches : toutes choses qui sont aujourd'hui enfouies sous terre ou sous la maçonnerie turque. A la Colonne d'Arcadius, le reste du fût avait été enlevé. Lord Sandwich en avait encore vu, en 1738-1739, une partie entourée de cercles de fer [2].

Un abbé italien, Dominique Sestini, qui séjournait à Constantinople en 1778, adressait à ses amis de Toscane des lettres où il les renseignait sur l'histoire naturelle, l'industrie et le commerce en Turquie. Il avait aussi la curiosité d'un archéologue et possédait une certaine érudition. Il connaissait l'ouvrage que Banduri avait fait paraître au début du siècle sur l'empire oriental et les antiquités de la ville [3], ainsi que les voyageurs de Montconys, Grelot et Tournefort.

Il s'intéresse aux murs d'enceinte et veut y copier des inscriptions, mais il ne peut travailler à son aise, et est chassé par les bostandgis au cri de « Haïdé,

---

[1] V. plus haut, p. 146.

[2] V. plus haut, p. 178-180. A la fin du XVIIIe siècle, on ne signale plus que la première assise du fût (V. plus loin, p. 196); cf. *Voyages de Richard Pococke*, t. V, Paris, 1772, p. 317 s., 325, 336-339, 349-355.

[3] Cf. A. Banduri, *Imperium Orientale sive Antiquitates Constantinopolitanae*, 2 vol., Paris, 1711.

Haïdé ! ». Sur les murs de la Marmara dans la partie, qui était englobée dans l'ancien palais des empereurs byzantins, il voit « deux lions de marbre encastrés dans la muraille, où ils servaient d'ornement à une fenêtre [1] ». A la Porte Dorée certains bas-reliefs en marbre étaient encore en place, mais il n'a pu les examiner à loisir [2]. Par contre il pénètre dans la cour voisine du Château des Sept Tours (Yédi-Koulé) et remarque « différents chapiteaux de marbre, qui sont d'ordre corinthien et d'autres restes de colonnes ». A l'autre extrémité des murailles terrestres, à Tekfour-Séraï, il signale « des têtes de béliers, de griffons, de taureaux, qui soutiennent de petites consoles, et d'autres ornements. On remarque encore autour des fenêtres, qui sont cintrées, un ornement fait avec de petites fioles de verre ajustées avec goût et avec symétrie ».

Ainsi l'ornement zoomorphique était largement représenté dans cet édifice. L'ornement céramoplastique n'était pas moins remarquable. Si le premier a disparu, le second est conservé en partie sur les deux façades principales. Les lignes de la construction soulignées par des consoles de marbre, les trois lits de brique alternant avec trois rangs de pierre constituent un de ces parements où les architectes de Constantinople ont déployé tant d'ingéniosité [3]. Mais ici ils se sont surpassés. Ils ont garni le pourtour des arcs, les écoinçons, les frises entre les étages d'ornements dessinant des dents de scie, des croix, des

---

1 Sur ces sculptures, v. plus loin.

2 Sur ces reliefs, v. plus haut, p. 82, 150, 157.

3 Cf. G. Millet, *L'école grecque dans l'architecture byzantine*, Paris, 1916, p. 261, 286-287.

Photo-Sebah

Fig. 39. Tekfour-Séraï. Façades est et sud.

carrés, des triangles, des losanges, des hexagones en damier. Au-dessus des fenêtres dont les chambranles étaient en marbre blanc, les tympans sont ornés de roues de brique. Des flacons de poterie émaillés, signalés par Sestini, complétaient la décoration de ces façades, qui avec leurs incrustations et leurs dessins polychromes devaient ressembler autrefois à un véritable tapis (fig. 39, 40).

Enfin dans le quartier de Psamatia le voyageur italien visite une église, « qui appartenait autrefois aux prêtres grecs et qui était alors en la possession des Arméniens ». C'était l'ancien monastère de la Péribleptos, qu'ont signalé Clavijo au début du XVe siècle et de Montconys au XVIIe [1]. D'après Sestini il existait, en 1778, trois églises dont deux communiquaient l'une avec l'autre. Dans une de ces trois églises « on aperçoit les restes d'une mosaïque, qui représente la Cène de Notre-Seigneur. On voit dans cette peinture les murs de la ville de Jérusalem. Comme ceux-ci sont très maltraités dans cette mosaïque, et dans le plus mauvais état, on en perdra bientôt la mémoire. Il y a peu de particularités à voir dans ces églises, à l'exception des peintures et de quelques tableaux, qui représentent saint Georges et différents évêques arméniens et un tableau du Jugement dernier ». Il y avait aussi un ayasma dont « l'eau était bonne pour guérir la fièvre » [2].

---

[1] V. plus haut, p. 133 s.

[2] Cf. *Lettres de M. l'abbé Dominique Sestini écrites à ses amis de Toscane pendant le cours de ses voyages en Italie, en Sicile et en Turquie*, trad. par M. Pingeron, t. III, Paris, 1789, p. 32, 48, 69-70, 76-77, 81, 83, 85-90, 102-106, 116-124. Le voyageur a vu aussi la Colonne de Constantin, l'Hippodrome et ses trois monuments. Au sommet de l'Obélisque de pierre croissait un figuier sauvage. A

L'un de ces édifices est certainement le réfectoire de l'ancien monastère, où Sestini, après de Montconys, prétend qu'il se tint autrefois un concile. Dans l'abside était une mosaïque représentant la Cène. Elle est signalée par le voyageur du XVIIe siècle et par le voyageur du XVIIIe. Ce dernier a cru aussi reconnaître les murs de Jérusalem, mais la mosaïque avait beaucoup souffert. L'autre édifice doit être la petite église, qui, d'après de Montconys, avait autrefois six colonnes ; c'est peut-être là qu'était représenté le Jugement dernier signalé par le voyageur italien. Quant au troisième c'était peut-être l'église arménienne elle-même, où Sestini a vu des portraits d'évêques arméniens, et une image de saint Georges. On sait que les Arméniens ont construit sur l'emplacement du monastère de la Péribleptos une église placée sous la protection de saint Georges [1].

Ainsi, en 1778, le réfectoire de l'ancien monastère existait encore, de même qu'un autre édifice, que l'on ne peut identifier avec la grande église de la Péribleptos, décrite par Clavijo au début du XVe siècle. Celle-ci ne devait plus exister déjà au XVIIe siècle [2]. Sestini fut

---

Sainte-Sophie il ne signale que les mosaïques « représentant des Chérubins ».

[1] Cf. A. van Millingen, *Byzantine Constantinople*, Londres, 1899, p. 20. D'après Paspatis, Βυζαντιναὶ μελέται, Constantinople, 1877, p. 400, ce qui restait du monastère de la Péribleptos fut incendié en 1782. Un autre incendie aurait atteint Soulou-Monastir un peu avant 1877. C'est alors que les Arméniens auraient construit leur église actuelle. Mais il est fort probable que les Arméniens, qui possédaient le monastère depuis 1543, ont édifié une église plus ancienne que l'église actuelle. Cette église ancienne, qui a disparu pour faire place à l'église moderne, est celle que Sestini aurait vue en 1778.

[2] V. plus haut, p. 139.

un des derniers voyageurs qui ait contemplé les restes du fameux monastère, qui, au début du xve siècle, était encore très vivant. Clavijo y avait vu, outre la grande église et le réfectoire, « beaucoup de maisons et beaucoup de moines [1]. » De tous ces édifices il ne reste rien debout. La modeste église arménienne de Soulou Monastir se dresse seule aujourd'hui dans ce pauvre quartier.

Six ans plus tard, en 1784, un Espagnol, Joseph Moreno, faisait le voyage de Constantinople, avec une escadre de Carthagène. Il étudie les antiquités de la capitale en compagnie de plusieurs artistes, A. Aguado, J. Velazquez, A. Fernandez, J. Enguidanos, qui prenaient des vues de la ville, dessinaient les costumes, dressaient un plan général, sans indiquer d'ailleurs aucun détail à l'intérieur des murs. Aguado dessine à Sainte-Sophie, tandis que Moreno en fait une description exacte et minutieuse. A cette époque le clocher, dessiné par Grelot au xviie siècle [2], existait encore au milieu de la façade occidentale. Sur le côté sud de cette tour et touchant cette dernière, un escalier de trente marches conduisait à une citerne. Au milieu de la cour précédant l'église se trouvait un « lavoir » sur l'emplacement de l'ancienne phiale de l'atrium [3]. D'après Moreno les eaux de cette citerne et de l'ancienne fontaine provenaient des voûtes souter-

---

[1] Cf. Ph. Bruun, *Constantinople, ses sanctuaires et ses reliques*, Odessa, 1883, p. 8.

[2] V. plus haut, p. 154.

[3] Cf. J. Moreno, *Viage à Constantinopla en el anno de 1784, escrito de orden superior*, Madrid, 1790, p. 1 s., 45 s., 64 s., 168, 169 s., 171 s., 184, 186, 187, 216, 230. Le voyageur, qui connaît Du Cange, Grelot et Banduri, ne dit rien de plus que ces auteurs sur les autres monuments byzantins.

Fig. 40. Tekfour Séraï. Façade nord.

raines de l'église. On sait d'ailleurs que Covel avait visité au XVIIe siècle la citerne, qui s'étend sous Sainte-Sophie [1].

Pendant que Moreno et ses collaborateurs travaillaient à Stamboul, l'historien polonais Jean Potocki parcourait les rues de la ville turque, en 1784, « sans dessein et sans plan, sans autre but que de se rassasier du plaisir d'y être », observant les scènes de la rue, recueillant les « apologues des Orientaux », s'intéressant aux « amusements des Turcs, parce qu'un peuple s'y peignait mieux que dans toutes les autres circonstances de sa vie privée » [2].

Le comte de Ferrières-Sauvebœuf, qui s'y trouvait à la même époque, eut du moins la curiosité de voir les monuments de la place de l'At-Meïdan et Sainte-Sophie que « les temps et les Turcs ont également dégradée [3] ».

L'année 1784 marque une date. C'est celle où le comte de Choiseul-Gouffier s'installe à Constantinople en qualité d'ambassadeur de Louis XVI. Il s'entoure d'une élite de savants et d'artistes, d'adorateurs désintéressés du passé. Continuant les traditions de M. d'Aramon au XVIe siècle et du marquis de Nointel au XVIIe, il donne une vive impulsion aux recherches dans tout l'Orient qu'il connaissait déjà. En 1776, en effet, il s'était embarqué pour le Levant avec plusieurs

---

[1] V. plus haut, p. 160.

[2] Cf. J. Potocki, *Voyage en Turquie et en Egypte fait en l'année 1784*, Varsovie, 1788, p. 1 s., 18 s., 44, 77-78.

[3] Cf. *Mémoires historiques, politiques et géographiques des voyages du comte de Ferrières-Sauvebœuf faits en Turquie, en Perse et en Arabie depuis 1782 jusqu'en 1789*, t. I, Paris, 1790, p. 1, 3, 15.

artistes, et avait réuni les notes et les dessins, qu'il publia, en 1782, dans le premier volume de son *Voyage pittoresque de la Grèce* [1]. Revenu en Orient comme ambassadeur, il continue l'œuvre si bien commencée et protège les travailleurs répandus en Grèce, en Asie et dans les îles. A Constantinople il fait lever un plan par l'ingénieur des ponts et chaussées de Lorraine, François Kauffer, qui l'avait accompagné lors de son premier voyage. L'ingénieur, assisté de Lechevalier, y travaille près de six mois, en 1785 et 1786, parcourant tous les quartiers, bravant la peste et l'hostilité des habitants. Ce plan levé géométriquement, où la position des principaux monuments anciens est fixée, fut publié plus tard par les soins de Choiseul-Gouffier. L'ambassadeur faisait dessiner en même temps que les types et les costumes turcs, des sites de la ville, une vue de la place de l'At-Meïdan avec ses trois monuments anciens et la mosquée d'Ahmed, les ruines de l'église de Saint-Jean-Baptiste de Stoudios [2], enfin la façade d'un édifice, qui se dressait sur les murs de l'enceinte maritime et faisait partie du Grand Palais des empereurs byzantins [3]. Sur ce dessin on aperçoit à l'arrière-plan les six minarets de la mosquée d'Ahmed, et une rangée de trois fenêtres avec aux extrémités deux lions, que Sestin

---

[1] Cf. L. Pingaud, *Choiseul-Gouffier. La France en Orient sous Louis XVI*, Paris, 1887, p. 37, 42, 138.

[2] Cf. J. Ebersolt et A. Thiers, *Les Eglises de Constantinople*, Paris, 1913, p. 6, n. 2, p. 7.

[3] Cf. Choiseul-Gouffier, *Voyage pittoresque dans l'Empire ottoman, en Grèce, dans la Troade, les îles de l'Archipel et sur les côtes de l'Asie Mineure*, t. IV, Paris, 1842, p. 140, pl. 68-70, 76 *bis*, 77, 81, 88-91, 96.

avait vus auparavant[1], Cette façade disparue s'élevait autrefois près de Tchatlady-Kapou ; les deux lions ont été transportés au Musée de Constantinople[2] (fig. 41).

L'ambassadeur de France par son crédit, par son influence, par son zèle constant pour l'avancement des sciences aplanissait les difficultés qui, à chaque instant, contrariaient les travailleurs dans une ville où l'on ne pouvait faire un pas sans la sauvegarde d'un janissaire. Le collaborateur de Kauffer était un chercheur infatigable, qui a rendu hommage au zèle désintéressé de Choiseul-Gouffier. Jean-Baptiste Lechevalier put ainsi ajouter une page nouvelle aux annales archéologiques de Constantinople. Pendant plus d'une année, cet ancien professeur au collège d'Harcourt, armé des ouvrages de Gylli, de Grelot et de Du Cange, explore méthodiquement toute la ville. Il ne se borne pas à visiter les monuments signalés par ses devanciers, il en trouve de nouveaux. Il allonge la liste des citernes et découvre Kahrjé-Djami. Il écrit à ce propos : « P. Gilles dit que l'église Christos-i-Choras se trouvait près de la porte d'Andrinople, dans l'enceinte de la quatorzième région. Mais comme les Turcs, en la changeant en mosquée, ont changé aussi son nom, ce n'a été qu'après beaucoup de recherches que je suis venu à bout de la

---

[1] V. plus haut, p. 186.

[2] Choiseul-Gouffier appelle cette façade monument de Marcellus Leo. Ce dessin est reproduit dans A. Zanotti, *Autour des murs de Constantinople,* Paris, 1911, p. 112. De nos jours Canon Curtis en a dessiné un autre, qui concorde avec celui de Choiseul-Gouffier; cf. A. van Millingen, *Byzantine Constantinople,* Londres, 1899, p. 272, 273, 274. D'après cet auteur, qui reproduit aussi les lions du Musée, la façade n'aurait disparu qu'en 1871.

Fig. 41. Monument près de Tchatlady-Kapou, d'après Choiseul-Gouffier.

découvrir. Elle est connue aujourd'hui sous le nom de Kahrjé-Djami. » A cette époque, la célèbre mosaïque, qui décore le tympan de la porte du premier narthex, était déjà visible. Elle représente, on le sait, le ministre de l'empereur Andronic II Paléologue, Théodore Métochites, qui restaura l'église au début du XIVe siècle, offrant le modèle de l'église au Christ assis sur un trône[1].

Lechevalier possédait du flair et de la ténacité. Il est aussi un excellent observateur, et fait d'utiles constatations sur les autres monuments. La Colonne en porphyre de Constantin avait reçu cette grossière enveloppe de maçonnerie, qui en cache toute la partie inférieure [2]. Du fût de la Colonne d'Arcadius il ne restait plus que la première assise [3]. Sur Tekfour-Séraï il émet enfin une hypothèse intéressante. « Pierre Gilles a cru que Tekir Séraï était le reste du palais de Constantin ; d'autres disent du palais de

---

1 V. plus haut, p. 24, n. 3.

2 Cette restauration informe fut faite après le départ de Pococke, qui vit encore le piédestal de la Colonne (V. plus haut, p. 185). D'après Unger, *Quellen der byzantinischen Kunstgeschichte*, Vienne, 1878, p. 155, la restauration eut lieu après l'incendie de 1779 ; ce qui serait conforme aux observations des voyageurs. Barth, *Constantinople*, Paris, 1903, p. 104, et Djelal-Essad, *Constantinople*, Paris, 1909, p. 138, prétendent à tort que cette restauration eut lieu en 1701.

3 V. plus haut, p. 185, n. 2. Le dessin du peintre Cassas, attaché à la personne de Choiseul-Gouffier, est reproduit par d'Agincourt, *Histoire de l'Art par les monuments*, t. IV, 1823, Sculptures, pl. XI, par J. Strzygowski, *Die Säule des Arkadius in Konstantinopel* (Jahrbuch des Kaiserlich deutschen archaeologischen Instituts, t. VIII, 1893, p. 235, fig. 5) et par A. Geffroy, *La Colonne d'Arcadius à Constantinople* (Monuments et Mémoires publiés par l'Académie des Inscriptions et Belles-Lettres, t. II, 1895, p. 114-115, fig. 3, 4).

Bélisaire. Ce qui prouverait que cet édifice n'est pas d'une antiquité si reculée, c'est que l'on y remarque encore quatre étages bien distincts et que les fenêtres ont conservé leurs embrasures de marbre [1]. »

Ainsi Lechevalier, après Du Loir et d'Arvieux [2], se refuse à voir dans Tekfour-Séraï le palais de Constantin le Grand. Tournefort avait supposé qu'on était en présence d'un monument du xe siècle, qui serait le palais de Constantin VII Porphyrogénète [3]. Les opinions des voyageurs ont varié et, de nos jours, les hypothèses les plus diverses ont été émises. On l'a attribué successivement au ive, ve, ixe, xe, xiiie siècle [4]. Il est certain que le palais se continuait au nord le long du rempart et était précédé d'une cour. Aussi a-t-on vu dans cet édifice une annexe du palais des Blachernes, dont on ignore, du reste, l'emplacement exact. Le monument en lui-même, avec ses étages et sa toiture, n'a pas l'apparence d'un édifice très ancien. Les façades avec leur ornementation très compliquée n'ont pas leur analogue dans les églises de Constantinople du xie et du xiie siècle, qui se distinguent par la sobriété. A la fin du xiiie siècle et au début du xive

---

[1] Cf. J.-B. Lechevalier, *Voyage de la Propontide et du Pont-Euxin*, t. I, Paris, an VIII, p. VIII, 99, 105, 137, 153, 156, 157, 159; t. II, p. 169 s., 171-172, 264-265, 307. Le voyageur a vu aussi la Colonne de Marcien.

[2] V. plus haut, p. 129, 151.

[3] V. plus haut, p. 172.

[4] Cf. Mordtmann, *Esquisse topographique de Constantinople*, Lille, 1892, p. 33; N. Kondakov, *Vizantijskija Tserkvi i Pamjatniki Konstantinopolja* (Trudy VI archeologičeskago sjezda v Odessjé, Odessa, 1887, p. 202); A. van Millingen, *Byzantine Constantinople*, Londres, 1899, p. 112; C. Gurlitt, *Die Baukunst Konstantinopels*, Berlin, 1907, p. 7; L. de Beylié, *L'habitation byzantine*, Paris, 1902, p. 136 s.

l'ornement se complique, la décoration extérieure s'enrichit [1]. Les façades de Tekfour-Séraï ne peuvent être antérieures à cette époque, où les architectes de Constantinople ont déployé tant d'ingéniosité à décorer leurs monuments.

Les années 1785 et 1786 avaient été particulièrement fécondes pour les recherches à Constantinople. Le palais de France était alors comparable à un musée. C'est au milieu des marbres antiques et des dessins que Choiseul-Gouffier recevait ses hôtes. Il y accueille une voyageuse anglaise, milady Craven. Elle passe des heures en compagnie de l'ambassadeur « à examiner de grands porte-feuilles remplis de superbes dessins ». « M. de Choiseul, écrit-elle dans une lettre datée du 25 avril 1786, a auprès de lui quelques artistes dont il a employé les talents à prendre tous les plus beaux dessins des plus belles ruines, qui existent soit en Europe, soit en Asie. » Les monuments ne la laissent pas indifférente et elle pousse ce cri d'alarme : « Les Turcs brûlent journellement, font de la chaux de ruines, qui orneraient les cabinets des curieux, et ils emploient à faire une muraille ou une fontaine des matériaux que le génie s'était complu à convertir en chefs-d'œuvre de l'art [2]. »

Au même moment un artiste de talent, Willey Reveley, réunissait pour sir Richard Worsley les matériaux d'une publication, qui contient, outre une quantité de

---

[1] Cf. J. Ebersolt et A. Thiers, *Les Eglises de Constantinople*, Paris, 1913, p. 264-266.

[2] Cf. Milady Craven, *Voyage en Crimée et à Constantinople en 1786*, trad. par Guedon de Berchère, Paris, 1789, p. 269, 275-278, 299, 305.

monuments antiques, quelques vues de Stamboul. En 1786, il dessine la Colonne en porphyre de Constantin, dont la base était cachée, comme l'avait remarqué Lechevalier [1], par un grossier revêtement de maçonnerie. Elle était entourée à cette époque de maisons turques en bois et de boutiques, sans doute afin qu'elle méritât mieux encore à l'avenir son surnom de Colonne brûlée. A Sainte-Sophie l'artiste dessine une vue intérieure, où l'on voit aux pendentifs les têtes de Chérubins avec leur face voilée comme aujourd'hui. Il prend aussi d'un des minarets de la mosquée voisine de sultan Ahmed une vue extérieure de l'ancienne église [2].

L'exemple du comte de Choiseul-Gouffier fut suivi sans doute par l'ambassadeur d'Angleterre, sir Robert Ainslie, qui fit travailler un artiste Luigi Mayer. Celui-ci dessine des vues de Stamboul, en particulier la place de l'At-Meïdan, où l'on remarque la Colonne serpentine découronnée et les deux Obélisques [3].

En 1790 et 1791, Salabery s'arrête à Constantinople après avoir traversé l'Allemagne et la Hongrie, pour dénombrer « les antiquités qui ont échappé aux Turcs et au temps ». Il ne retrouve plus « le fameux Hippodrome au milieu de l'At-Meïdan, environné de maisons turques grotesquement peintes, sans régula-

---

[1] V. plus haut, p. 196.

[2] Cf. *Museum Worsleyanum or a collection of antique basso relievos, bustos, statues and gems with views of places in the Levant taken on the spot in the years 1785, 1786 and 1787*, t. II, Londres, 1794, p. 101, 103, 107.

[3] Cf. *Views in the Ottoman Dominions in Europe, in Asia and some of the Mediterranean Islands from the original drawings taken for sir Robert Ainslie by Luigi Mayer*, Londres, 1810, sans pagination.

rité comme sans noblesse », ni les beaux édifices qui l'environnaient. A Sainte-Sophie il pose le problème de la construction du dôme, « ce dont personne n'a encore parlé et ce qu'on n'a pas vérifié ». A Nouri-Osmanié-Djami, il voit un superbe bloc de porphyre, qui passait pour le tombeau de Constantin [1].

Cependant la Convention, qui venait de proclamer la République, envoyait en Orient un médecin, Olivier, qui parcourut pendant six ans la Turquie, l'Égypte et la Perse. A Stamboul il s'intéresse surtout aux mœurs, à la population, à l'organisation administrative et aux choses de son métier [2].

Un drogman de la légation du royaume des Deux-Siciles, Cosimo Comidas de Carbognano, travaillait alors à une *Description de Constantinople*, où il énumérait sommairement les principaux monuments anciens, et qu'il ornait de dessins médiocres d'ailleurs. Son dessin de la Porte Dorée montre qu'à cette époque les bas-reliefs, qui la décoraient, n'étaient plus en place. Sestini les avait encore signalés en 1778 [3].

En 1795, James Dallaway, chapelain de l'ambassade d'Angleterre, fait la même constatation et donne

---

[1] Cf. Salabery, *Voyage à Constantinople, en Italie et aux îles de l'Archipel par l'Allemagne et la Hongrie*, Paris, an VII, p. 1 s., 168-170, 174, 180, 181, 226. Une autre édition du même ouvrage ne porte ni date ni nom d'auteur. Le sarcophage signalé par ce voyageur est peut-être le même qui fut aperçu par Nicolay et Breünig. (V. plus haut, p. 87, 105.)

[2] Cf. G. A. Olivier, *Voyage dans l'empire ottoman, l'Egypte et la Perse fait par ordre du gouvernement pendant les six premières années de la République*, t. I, Paris, an IX, p. 1, 24 s.

[3] Cf. C. Comidas de Carbognano, *Descrizione topografica dello stato presente di Costantinopoli*, Bassano, 1794, p. 1 s., 13, 26 s., 31 s., 34, pl. XII; v. plus haut, p. 186.

quelques détails sur leur disparition. Le bas-relief représentant les travaux d'Hercule avait été détruit par un tremblement de terre, le second figurant le châtiment de Prométhée avait été mutilé par les Turcs lorsqu'ils murèrent la porte. Outre ces observations sur le mur terrestre, réunies dans une lettre adressée à Samuel Lysons, directeur de la revue *Archaeologia* [1], Dallaway composait pendant son séjour un ouvrage consacré surtout à la Turquie [2].

L'artiste Antoine-Louis Castellan séjourne quelques mois à Constantinople, du 28 mars au 6 juin 1797, et fait des dessins d'une jolie facture. Il publie plus tard les *Lettres* de ce voyage, qui fut pour lui « un rêve agréable ». Il voyageait avec un ingénieur, Léveillé, et un dessinateur géographe, Barabé, qui leva un plan de Constantinople et du Bosphore [3].

Les dessins de Castellan présentent des aspects circonscrits et non des vues générales, comme celle de Melling, « le peintre incomparable du Bosphore ». Les vues de ce dernier semblent véritablement « calquées sur la nature » et donnent la sensation de l'étendue et de l'espace. Architecte de Sélim III, dessinateur de la sultane Hadidgé, Melling put, pendant

---

[1] Cf. J. Dallaway, *An account of the walls of Constantinople* (Archaeologia, t. XIV, 1803, p. 230 s., 241, 242, pl. XLII-XLIV).

[2] Cf. J. Dallaway, *Constantinople ancienne et moderne et description des côtes et îles de l'Archipel et de la Troade,* trad. par A. Morellet, t. I, Paris, an VII, p. 27. Dallaway vit encore en place la grande inscription de la Porte Dorée. J. Strzygowski l'a restituée d'après les trous où étaient fixées les lettres en métal; cf. J. Strzygowski, *Das goldene Thor in Konstantinopel* (Jahrbuch des Kaiserlich deutschen archaeologischen Instituts, t. VIII, 1893, p. 9).

[3] Cf. A. L. Castellan, *Lettres sur la Grèce, l'Hellespont et Constantinople,* Paris, 1811, 1re partie, p. 2-5; 2e partie, p. 1 s., pl. 12, p. 38, 48, pl. 17; p. 50-53, 232.

son long séjour, se pénétrer des moindres détails du paysage et dessiner à loisir sa vue générale de la place de l'At-Meïdan [1].

*
* *

Au XVIIIe siècle arrivent à Constantinople de véritables artistes, qui savent interpréter les ensembles. Cependant les premiers relevés précis apparaissent avec la mission Choiseul-Gouffier. Kauffer et Lechevalier, qui ressentent l'attrait du nouveau, introduisent la précision dans la recherche dont ils savent le prix et l'utilité. Plusieurs autres voyageurs ont su profiter de l'expérience de leurs prédécesseurs et ont préparé leur voyage. Quelques-uns ont lu avant leur départ les deux volumes de dom Anselme Banduri. Le premier contient un nombre considérable de textes byzantins relatifs aux antiquités de Constantinople, un recueil d'inscriptions et une réimpression des ouvrages de Pierre Gylli. Le second renferme un commentaire avec des reproductions de gravures anciennes [2].

---

[1] Cf. Melling, *Voyage pittoresque de Constantinople et du Bosphore,* Paris, 1819, Album, pl. 15. La planche 49 reproduit le plan de Kauffer complété par le géographe J. D. Barbié du Bocage. Le volume de texte, qui accompagne l'album, a été publié par Treuttel et Würtz; cf. A. Boppe, *Les peintres du Bosphore au dix-huitième siècle,* Paris, 1911, p. 166 s., 221.

[2] Cf. A. Banduri, *Imperium Orientale sive Antiquitates Constantinopolitanae,* t. I, II, Paris, 1711. Le tome second contient le plan de Buondelmonti, les dessins de la Colonne attribués à Gentile Bellini, la vue ancienne de l'Hippodrome reproduite par Onufrio Panvinio, des dessins, très médiocres, reproduisant les trois monuments de l'Hippodrome, la Colonne de Marcien, la Colonne de Constantin. Pour Sainte-Sophie il publie à nouveau les dessins de Grelot. (Cf. *Ibid.,* t. II, p. 448, pl. I, II, V, VI; p. 507 s., pl. I s.; p. 664, 667, 745, 752, 756, 758, 762.)

Les voyageurs trouvaient là une base solide pour commencer leurs investigations. Ils ne surent pas exploiter cette mine de renseignements par manque d'esprit critique et aussi, sans doute, parce que l'on se désintéressait au XVIIIe siècle de ces études byzantines dont la France avait été l'initiatrice au XVIIe siècle [1]. Le dédain que Voltaire et Montesquieu témoignaient à l'égard de Byzance, ne devait pas encourager beaucoup les voyageurs; et la compilation de Lebeau sur le *Bas Empire* (1757-1784) n'était pas faite pour relever le niveau des études [2]. Cependant, en 1770, le géographe d'Anville publiait son *Mémoire sur l'étendue de Constantinople*, qui attirait l'attention du monde savant sur l'ancienne capitale de l'empire grec [3]. Dans les dernières années du siècle, Heyne publiait ses *Commentaires* sur les œuvres d'art antique et byzantin, et étudiait les causes de la disparition de ces monuments. Il utilise, outre Du Cange et Banduri, les relations de Gylli, Spon et Pococke [4].

Ainsi les voyageurs continuaient à faire autorité et à projeter ici et là des clartés nouvelles sur cette Byzance, qui avait recueilli ces œuvres antiques dans un cadre digne d'elles et destiné, lui-même, à disparaître à son tour.

---

[1] V. plus haut, p. 169-170.

[2] Cf. Ch. Diehl, *Etudes byzantines*, Paris, 1905, p. 22.

[3] Cf. *Mémoires de l'Académie des Inscriptions et Belles-Lettres*, t. XXXV, 1770, p. 747 s. D'Anville relève les inexactitudes des plans anciens et publie un plan, qui n'est guère meilleur.

[4] Cf. Ch. G. Heyne, *Commentationes societatis regiae scientiarum Gottingensis*, t. XI, 1790-1791, p. 3 s., 39 s.; t. XII, 1793-1794, p. 273 s., 292 s.; t. XIII, 1795-1796, p. 3 s.

CHAPITRE VII

Les Voyageurs du Levant au XIXe siècle

Pouqueville : la Porte Dorée. Wittmann. Clarke : une inscription à Sainte-Sophie. Murhard. Chateaubriand. Hobhouse : la Colonne du Sérail. L'ambassade du comte Andréossy ; ses collaborateurs Préaulx et Pertusier. Tancoigne. Brayer. Le vicomte de Marcellus. Stürmer. Le comte de Forbin. Mac-Farlane. Un voyageur anonyme. J. von Hammer. Lamartine et Delaroière. Cornille. Fossati et Salzenberg : les premiers relevés à Sainte-Sophie. Newton : la première fouille à l'Hippodrome. L'architecte A. Lenoir. Gérard de Nerval. Maxime Du Camp : un sarcophage en porphyre. Théophile Gautier. Edmondo de Amicis : sculptures au Château des Sept Tours. Edmond About : l'œuvre qui reste à accomplir. Les études d'ensemble.

Un événement politique allait donner l'occasion à un Français, comme autrefois à l'Arabe Ibn ben Iahja et au Munichois Schiltberger [1], de visiter la capitale. Pouqueville, qui avait accompagné l'expédition d'Égypte, fut pris à son retour par les Turcs et enfermé aux Sept Tours. « Elles sont particulière-

[1] V. plus haut, p. 28, 46.

ment connues en Europe, dit-il, pour être la prison où les Turcs ont coutume de renfermer les ambassadeurs et les ministres des puissances avec lesquelles ils sont en état de guerre. » Le prisonnier eut tout le loisir d'étudier l'administration intérieure et la topographie du trop fameux château et d'examiner sous toutes ses faces la Porte Dorée. Celle-ci n'était plus depuis longtemps l'arc de triomphe par lequel les empereurs grecs rentraient dans leur capitale; le Turc victorieux l'avait transformée en une porte de prison. Les tours de marbre servaient de cachots « froids et horribles »; les trois arcs avaient été murés; les ornements, qui décoraient le grand arc du milieu, étaient pulvérisés. Un seul avait été épargné : c'était un vaste « écusson », entouré d'une couronne de laurier et renfermant le monogramme du Christ. Aux angles des tours, sous la frise, Pouqueville a vu les « aigles romaines »; plus loin, les propylées avec ses deux colonnes de marbre. Il ajoute : « Il y a une douzaine d'autres colonnes, qui soutiennent des entablements, et on y voyait autrefois des bas-reliefs; à cause des décombres et des terres amoncelées contre ces ruines précieuses, on ne peut distinguer leur base, ni les ornements qui s'y trouvaient. » Ainsi les bas-reliefs avaient bien disparu, comme l'avaient remarqué Comidas de Carbognano et James Dallaway [1], mais les encadrements sculptés subsistaient en 1801 [2].

---

[1] V. plus haut, p. 200-201.

[2] Sur ces sculptures dont plusieurs ont disparu ou sont mutilées, v. J. Strzygowski, *Das goldene Thor in Konstantinopel* (Jahrbuch des Kaiserlich deutschen archaeologischen Instituts, t. VIII, 1893, p. 8, fig. 5, p. 12, 13, fig. 9, p. 15, 16, fig. 10, p. 21, 23, fig. 15, 16.

Pouqueville put visiter Sainte-Sophie « en payant un imam », et même pénétrer dans les jardins du

Fig. 42. Aqueduc de Valens.

sultan. Une excavation du rempart de la seconde enceinte lui permet de « porter ses regards dans l'intérieur du palais », et d'y apercevoir une Colonne, surmontée d'un chapiteau d'ordre corinthien, qu'il prend par erreur pour la Colonne d'Arcadius [1]. « C'est à peu de distance de cette colonne que se trouve le harem d'hiver des femmes du Grand Seigneur, le trésor, enfin, des lieux qui ne sont connus que du souverain et de ses eunuques noirs [2]. »

William Wittmann, qui accomplissait une mission militaire en Turquie, écrit ses impressions de Stamboul sous Sélim III. Au début du XIXe siècle, l'intérieur de la ville était toujours le même, avec des maisons pauvrement construites et tristes d'aspect, des rues étroites et malpropres. Il trouve que l'air ne circule pas assez librement dans ces rues surplombées par les moucharabies [3].

Son compatriote, le célèbre voyageur Clarke, qui passe à Constantinople en 1801, éprouve la déception de ceux dont l'imagination est surexcitée par les descriptions de palais et de bains, de portiques et de temples, de cirques et de jardins, et qui sont loin d'être charmés en voyant des rues sales et obscures, des boutiques étroites et mal éclairées, des impasses couvertes, qui servent de bazars. Clarke en conclut que la ville qu'il avait sous les yeux ressemblait beau-

---

1 Sur cette colonne du Sérail, v. plus haut, p. 22, 158.

2 Cf. F. C. H. L. Pouqueville, *Voyage en Morée, à Constantinople, en Albanie et dans plusieurs autres parties de l'Empire ottoman*, t. II, Paris, 1805, p. 1 s., 62, 70-72, 83-86, 113, 248.

3 Cf. W. Wittmann, *Travels in Turkey, Asia-Minor, Syria and across the desert into Egypt*, Londres, 1803, p. 13, 34, 54, 76, 105. Le voyageur a vu aussi l'Hippodrome et ses monuments, la Colonne en porphyre de Constantin, Sainte-Sophie et les murs d'enceinte, dont plusieurs tours avaient été jetées à bas par le tremblement de terre de 1768.

coup à l'ancienne. Il visite Sainte-Sophie à plusieurs reprises et y fait une constatation intéressante. « Dans le grand arc, qui fait face à l'entrée principale, une mosaïque de couleurs représente des figures de saints, de la Vierge et d'énormes ailes sans corps. Dans cette partie de l'édifice nous copiâmes quelques lettres d'une inscription, qui est sans aucun doute contemporaine du monument ; bien qu'elle présente une légende très imparfaite, elle doit être conservée, car rien de semblable n'a été jusqu'ici remarqué à Sainte-Sophie. »

ΟCΚΑΙΧΡΥCΟΥ
ΠΕΝΤΗΚΟΝΤΑ
ΤΑΛΑΝΤΑΘΕΟΚ
..Ν...ΟΙCΝΕ
.ΕΚΕΙ........

Il est probable que, comme il arrive parfois dans les anciennes églises converties en mosquées, le badigeon turc était alors tombé en plusieurs endroits [1]. Cette inscription ne doit pas être celle qui a été signalée au XVIIe siècle par de Stochove. Cette dernière, qui commémorait la dédicace de la Grande Église par Justinien, « était sur une bordure en haut, qui règne autour de l'église » [2]. Elle était sans doute

---

[1] Cf. E. D. Clarke, *Travels in various countries of Europa, Asia and Africa*, t. II, Londres, 1813, p. 3, 35-36, 56-58, 713, 719. Le voyageur avait accompagné à l'Hippodrome l'artiste Préaulx, qui en dessina une vue insérée dans le livre de Clarke. La place de l'At-Meïdan avait l'aspect qu'elle présente aujourd'hui. La Colonne serpentine est découronnée. Sur Préaulx, v. plus loin.

[2] V. plus haut, p. 125.

sur la corniche, qui fait saillie à la base de la grande coupole. L'inscription, copiée par Clarke, est difficile à localiser avec précision [1]; elle est malheureusement très fragmentaire.

Il s'agit sans doute d'un personnage qui a fait don à l'église d'une somme de cinquante talents d'or, probablement en vue d'une restauration ou d'un embellissement. L'inscription était destinée à perpétuer le souvenir du très généreux bienfaiteur, dont le nom reste mystérieux [2].

Si Clarke a la curiosité d'un archéologue, Murhard

---

[1] Ce que Clarke entend par « grand arc, qui fait face à l'entrée principale » est peut-être le grand arc de la demi-coupole orientale, sous lequel s'ouvre l'abside. On sait qu'ici on a signalé les mosaïques de la Vierge et d'un archange. Sur le grand arc oriental on voyait aussi le trône du Jugement entre la Vierge et Jean-Baptiste (V. plus haut, p. 146, 152). Mais on sait qu'il existe sur le grand arc occidental, du côté de l'entrée, des mosaïques représentant la Vierge entre les apôtres Pierre et Paul. (Cf. Salzenberg, *Altchristliche Baudenkmale von Constantinopel*, Berlin, 1854, pl. XXXII.) Les « énormes ailes sans corps » pourraient être les Chérubins des pendentifs. En prenant le témoignage de Clarke à la lettre, l'inscription serait dans la partie orientale de l'église; mais le voyageur ne précise pas l'endroit.

[2] La dernière partie de l'inscription est très incomplète. On lit ος καὶ χρυσοῦ πεντήκοντα τάλαντα θεοκ..ν... οις νε. ἐκεῖ...... Le talent valait cent-vingt λίτραι d'après certains auteurs; d'après d'autres il valait cent *litrae*, c'est-à-dire un κεντηνάριον. En prenant pour base cette dernière estimation les cinquante talents vaudraient environ cinq millions de francs (cf. A. Rambaud, *L'empire grec au dixième siècle. Constantin Porphyrogénète*, Paris, 1870, p. 157 n. 4; Du Cange, *Glossarium mediae et infimae graecitatis*, s. v. τάλαντον). Ce don considérable fut fait sans doute par un empereur ou un haut personnage. Peut-être faut-il lire à la troisième et à la quatrième ligne θεόκ[τιστο]ν. On ne peut voir dans ces lettres le nom de la Vierge ou l'abréviation de θεοτόκος. Théoctiste, logothète sous le règne de Michel III (842-867), était un puissant personnage, qui s'était fait construire une demeure et un bain (cf. J. Ebersolt, *Le Grand Palais de Constantinople*, Paris, 1910, p. 121). C'est peut-être lui qui est désigné dans l'inscription.

Fig. 43. Citerne à colonnes de Mir-Achor-Djami.

s'intéresse surtout aux spectacles de la rue, aux mœurs turques. Il visite en touriste la ville dont il essaie d'esquisser des tableaux[1]. Chateaubriand en donna une vision beaucoup plus expressive dans la page célèbre, où il décrit brièvement sa première impression au moment de son arrivée en 1806. Il admire « le plus beau point de vue de l'univers » et visite les monuments les plus remarquables, en compagnie de l'ambassadeur, le général Sébastiani. Mais il est visiblement dépaysé dans cette ville, où il ne fait qu'un court séjour. « On découvre çà et là, dit-il, quelques monuments antiques, qui n'ont de rapport ni avec les hommes modernes, ni avec les monuments nouveaux dont ils sont environnés : on dirait qu'ils ont été transportés dans cette ville orientale par l'effet d'un talisman[2] ».

John Cam Hobhouse avait emporté avec lui dans son voyage au Levant, en 1809 et 1810, un exemplaire de Pierre Gylli, qui lui donne l'occasion de faire cette remarque. « Le plus grand nombre des antiquités qu'avait vues Gyllius, ont disparu ; mais il est très probable qu'une recherche attentive ferait découvrir beaucoup de monuments enclos dans les palais et les jardins des Turcs ». Plus favorisé que Pouqueville[3], il peut voir de près la Colonne du jardin du Sérail et en copier

[1] Cf. F. Murhard, *Gemälde von Konstantinopel*, Penig, 1805, t. I, p. 31 s., 122 s., 251 s. ; t. II, p. 90 s., 100 s., 112 s. A la fin du t. II est reproduite une vue à vol d'oiseau, qui paraît plus ancienne que le début du XIXe siècle. On y voit des maisons avec toit à double pente et des maisons à terrasse.

[2] Cf. Chateaubriand, *Itinéraire de Paris à Jérusalem*, t. I, édit. Didot, p. 292-296.

[3] V. plus haut, p. 203.

l'inscription. En voyageur averti, il voit la plus grande partie des monuments byzantins, en particulier le sarcophage signalé par Salabery dans la

FIG. 44. Colonne de la citerne de Mir-Achor-Djami.

cour de Nouri-Osmanié-Djami[1]. Le couvercle avait disparu, et il était utilisé comme récipient pour les eaux de pluie[2].

Cependant l'artiste français Michel-François Préaulx, qui avait dessiné pour Clarke en 1801, une vue de l'ancien Hippodrome[3], est nommé, en 1811, dessinateur de l'ambassade par le général Andréossy[4]. Il participe en cette qualité aux recherches poursuivies par l'ambassadeur et par un attaché, l'officier d'artillerie Charles Pertusier. L'ambassadeur de Napoléon Ier, le comte Andréossy, voulut, comme M. d'Aramon, le marquis de Nointel et le comte de Choiseul-Gouffier, que son ambassade fût en même temps une véritable mission scientifique. Il étudiait en hydrographe le Bosphore et le système des eaux à Constantinople, les souterazis, les aqueducs et les citernes. Il explore avec soin et décrit avec exactitude les réservoirs byzantins et conclut ainsi : « Les anciennes citernes de Constantinople avaient été placées avec beaucoup d'intelligence, quant aux formes du terrain et aux usages auxquels elles étaient destinées. Elles occupaient des positions dominantes et elles étaient distribuées de manière à correspondre aux diverses régions de Constantinople. Elles étaient liées au système des conduites d'eau, qui abreuvent la capitale et

---

[1] V. plus haut, p. 200.

[2] Cf. J.-C. Hobhouse, *A journey through Albania and other provinces of Turkey in Europe and Asia to Constantinople*, Londres, 1813, p. 941, 948, 950 s., 974-975. Un autre Anglais, William Turner, qui passe à Constantinople en 1812, renvoie pour la description de la ville aux ouvrages de Gylli, Lechevalier et Tournefort; cf. W. Turner, *Journal of a tour in the Levant*, t. I, Londres, 1820, p. 1, 50, 81.

[3] V. plus haut, p. 209, n. 1.

[4] Cf. A. Boppe, *op. cit.*, p. 201, 204, 223 s.

servaient de réservoirs supplémentaires pour les temps de pénurie ; on devait les employer comme réserves dans les cas où les environs de Constantinople occupés par les Barbares, mettraient en leur pouvoir les sources et les ouvrages d'art, qui les amenaient dans la ville. » L'ambassadeur publia en même temps que ces descriptions des relevés auxquels Préaulx dut mettre la main [1].

Ce dernier travaillait aussi avec Pertusier, qui parcourait alors la ville en tous sens. « Je me lève avec l'aurore et m'arme aussitôt de mon bâton de voyage », écrit-il dans ses *Promenades* ; et il visite méthodiquement tous les quartiers de Stamboul. Il va jusqu'aux murs d'enceinte « bordés des cimetières immenses plantés de cyprès, qui forment autour de Constantinople une enceinte funèbre ». Sur la Marmara il voit les restes d'un ancien édifice enchâssé dans la muraille et présentant des fenêtres à côté desquelles se dressaient deux lions [2]. C'était la façade qui avait été dessinée auparavant par les soins de Choiseul-Gouffier [3].

---

1. Cf. Andréossy, *Constantinople et le Bosphore de Thrace pendant les années 1812, 1813 et 1814 et pendant l'année 1826,* Paris, 1828, p. 442-456. L'*Atlas* contient des plans et des coupes de citernes (pl. 3, 5). La pl. 7 est une vue de la place de l'At-Meïdan. Le piédestal de l'Obélisque de Théodose repose sur un large soubassement, décoré de guirlandes.

2. Cf. Ch. Pertusier, *Promenades pittoresques dans Constantinople et sur les rives du Bosphore,* Paris, 1815, t. I, p. 104 s., 115, 120; t. II, p. 418, 423. A Tekfour Séraï le rez-de-chaussée était encore habité; les étages supérieurs étaient à ciel ouvert. L'*Atlas des Promenades pittoresques,* Paris, 1817, contient les dessins de Préaulx; pl. II, la Porte Dorée; pl. VIII, la place de l'Hippodrome avec la Colonne serpentine à moitié enfouie et l'Obélisque de Théodose dont le soubassement est décoré de guirlandes.

3. V. plus haut, p. 193.

Ainsi dans les premières années du siècle l'activité des voyageurs ne se ralentit pas. Si Tancoigne se borne à publier une courte notice sur Péra et néglige Stamboul [1], Brayer, qui passe neuf années à Constantinople, où il arrive à la fin de 1815, trouve le temps, malgré ses occupations, de faire des observations sur la topographie de la capitale.

A l'Hippodrome l'Obélisque de pierre « menace de s'écrouler au premier jour ». Le mur d'enceinte du côté de la mer est « dans un triste état de dégradation. Tout concourt à le faire tomber en ruine ; les vagues de la mer de Marmara soulevées par le vent du Sud en minent peu à peu les fondements et finissent par en jeter bas des pans énormes, avec les tours qui en font partie. Les créneaux, rongés de vétusté, ébranlés et renversés par les vents, disparaissent aussi à mesure. » Dans le mur terrestre apparaissent aussi de grandes lézardes [2].

Constantinople exerce de plus en plus sa séduction sur l'esprit des voyageurs du Levant, qui savent de mieux en mieux en rendre la beauté sensible au lecteur. Le vicomte de Marcellus, qui séjourne en Orient de 1816 à 1820, en qualité de diplomate, ne quitte pas Stamboul sans regrets. C'était un des derniers jours d'octobre, qui ont en Orient tout le charme de

---

[1] Cf. J.-M. Tancoigne, *Voyage à Smyrne, dans l'Archipel et l'île de Candie en 1811, 1812, 1813 et 1814, suivi d'une notice sur Péra et d'une description de la marche du Sultan*, Paris, 1817, t. I, p. VII-VIII ; t. II, p. 41 s. L'ouvrage est orné de deux gravures représentant la marche du sultan, d'après un dessin de Melling.

[2] Cf. A. Brayer, *Neuf années à Constantinople*, Paris, 1836, t. I, p. XI, 53, 57, 68-70. Le t. II contient une carte de Constantinople et du Bosphore gravée par Ambroise Tardieu ; les principaux monuments et les principales rues y sont indiqués.

Fig. 45. Ancienne citerne à ciel ouvert de Saint-Mocius.

l'été apaisé. « J'atteignis, dit-il, la colline au-dessus d'Eyoub ; je me retournai pour adresser un dernier adieu à la plus belle ville du monde, aux ruines du palais de Constantin, aux grands murs des empereurs, aux dômes resplendissants des mosquées et à ces mers étincelantes sous les feux du jour »[1]. Stürmer ressent aussi toute la majesté de cette capitale, qui « trône sur les sept collines »[2]. Le comte de Forbin, qui y passe quelques semaines en 1817, est ébloui par cette ville, « qui semble avoir été bâtie pour le plaisir des yeux »[3]. Mac-Farlane s'y attarde plusieurs mois en 1828 pour « respirer comme un air nouveau dans ces parages »[4]. On se contentait alors de goûter l'aspect pittoresque de la ville, d'en rendre les impressions d'ensemble, comme l'avait fait le peintre Melling. « Les vues de Melling, dit un voyageur anonyme, dessinées avec un scrupule de vérité, poussé quelquefois trop loin dans les détails, donneront une idée bien plus exacte des édifices modernes et de l'aspect de cette ville dont tous les points de vue sont enchanteurs, que ne le ferait la description la plus minutieuse »[5]. Pour la description des monuments on

---

[1] Cf. de Marcellus, *Souvenirs de l'Orient*, Paris, 1839, t. I, p. 3 s., 60 ; t. II, p. 515, 527.

[2] Cf. L. v. Stürmer, *Skizzen einer Reise nach Konstantinopel in den letzten Monathen des Jahres 1816*, Pesth, 1817, p. 240 s.

[3] Cf. de Forbin, *Voyage dans le Levant en 1817 et 1818*, Paris, 1819, p. 3, 40, 48. La planche 4, représentant la place de l'At-Meïdan, est une reproduction d'un dessin de Castellan.

[4] Cf. Ch. Mac-Farlane, *Constantinople et la Turquie en 1828*, trad. de l'anglais par Nettement, Paris, 1829, t. I, p. 1 ; t. II, p. 26, 253 s., 261, 287. Dans le t. I est insérée une vue de Constantinople d'après un dessin de Deroy.

[5] Cf. *Notes d'un voyage fait dans le Levant en 1816 et 1817*, Paris, s. d., p. 60-62, 82, 117.

renvoyait, comme l'avait fait Chateaubriand, à quelques récits de voyageurs anciens [1].

Joseph von Hammer, qui poursuivait dans le Levant sa carrière de diplomate et d'orientaliste, étudiait sur place l'histoire et la constitution de l'empire

FIG. 46. Fétijé-Djami. Ancienne église du monastère de la Vierge Pammacaristos.

ottoman. Il parcourait la ville ayant en main le plan de Kauffer, complété par Barbié du Bocage, et visitait les monuments. Puis il fouillait les livres de Gylli, Du Cange et Banduri, et rédigeait sur chaque monument de courtes notices, en s'aidant des voya-

[1] Cf. Chateaubriand, *op. cit.*, p. 293, n. 1.

geurs anciens et des travaux les plus récents, comme ceux de Pertusier et d'Andréossy[1].

Le 10 juillet 1832, Lamartine s'embarquait à Marseille pour son voyage d'Orient, sur le brick « l'Alceste », qu'il avait frété. Il avait offert à Delaroière de l'accompagner. Celui-ci suivit le poète pendant ses pérégrinations en Syrie, en Palestine et jusqu'à Constantinople. Ici les deux voyageurs se séparèrent. Delaroière quitte Lamartine retenu à Constantinople, et rentre par la voie de terre, après avoir séjourné plus d'un mois dans la capitale. Il était allé à Sainte-Sophie, où il ne vit plus « que la structure nue du bâtiment. » Il avait aussi fait le tour de la muraille terrestre, où il avait trouvé « le moyen âge seul debout devant lui[2] ».

Cornille, qui arrive peu après, éprouve la même déception à Sainte-Sophie « devant les couches multipliées d'eau de chaux, dont les Turcs ont recouvert les mosaïques. » Sur la place de l'At-Meïdan il a vu « des arcades ruinées et quelques vieux platanes au milieu des débris dont l'Hippodrome est encombré[3] ».

Cependant les *Guides* de Lacroix et de Quétin allaient faciliter les voyages et les recherches dans « la ville la plus calme de l'univers [4] ». De plus les

---

[1] Cf. J. von Hammer, *Constantinopolis und der Bosporos,* t. I, Pesth, 1822, p. I s., 67 s., 320 s. A la fin du t. I est reproduit le plan de Kauffer avec les additions de J.-D. Barbié du Bocage.

[2] Cf. Delaroière, *Voyage en Orient,* Paris, 1836, p. VII s., 1, 246 s., 253, 255, 257, 265 s.; Lamartine, *Voyage en Orient*, Paris, 1835.

[3] Cf. H. Cornille, *Souvenirs d'Orient*, Paris, 1836, p. 8 s., 39, 101, 134.

[4] Cf. F. Lacroix, *Guide du voyageur à Constantinople et dans ses environs,* Paris, 1839, avec un plan d'après celui de Kauffer, complété jusqu'à l'année 1831 par J. Hellert; Quétin, *Guide en Orient,* Paris, 1846, p. 480 s. L'architecte Chenavard ne put dessiner

Grecs commençaient à s'intéresser à l'histoire et aux monuments de l'ancienne capitale. En 1824, un grec patriote, ami de la philologie et de l'archéologie, le

Fig. 47. Kahrjé-Djami. Ancienne église du monastère de Chora.

patriarche Constantios, avait fait paraître une description de Constantinople ancienne et moderne, qui

---

pendant son séjour à cause des difficultés qu'il rencontra chez les Turcs; cf. A. M. Chenavard, *Voyage en Grèce et dans le Levant fait en 1843 et 1844*, Lyon, 1858, p. 14. A la même époque un artiste anglais Thomas Allom réussit à travailler; cf. Th. Allom, *Character and Costume in Turkey and Italy*, Londres, Paris, s. d.; *Constantinople in a series of drawings*. Cette dernière publication, que je n'ai pu consulter, est citée dans Forchheimer et Strzygowski, *Die byzantinischen Wasserbehälter von Konstantinopel*, Vienne, 1893, p. 57.

est la première œuvre grecque importante[1]. Plus tard Vyzantios continuera l'œuvre commencée par son compatriote[2].

L'année 1847 marque une date dans les annales archéologiques de Stamboul. Abdul-Medjid, le successeur du sultan réformateur Mahmoud II, chargeait un architecte italien Fossati de restaurer Sainte-Sophie. Au cours des travaux, qui durèrent deux ans, l'architecte put, avec le concours de son frère, découvrir les mosaïques, en les nettoyant des enduits qui les cachaient. Elles furent relevées; mais ces dessins d'un si haut intérêt n'ont pas été publiés, et l'ouvrage de C. Fossati sur Sainte-Sophie est resté jusqu'ici incomplet[3]. Vers 1850, W. Salzenberg put aussi relever partiellement les mosaïques et publia quelques années plus tard une étude d'ensemble, qui ne pouvait être définitive[4].

En 1855, la première fouille était exécutée à l'Hippodrome. L'anglais Newton dégageait la base de la Colonne serpentine. L'année suivante une fouille pratiquée à la base de l'Obélisque de Théodose, mettait à découvert des sculptures nouvelles[5]. La même

[1] Cf. Κωνσταντινιὰς παλαιὰ καὶ νεωτέρα ἤτοι περιγραφὴ Κωνσταντινουπόλεως, Venise, 1824. Une traduction française a paru à Constantinople en 1846, sous le titre *Constantiniade ou description de Constantinople ancienne et moderne.*

[2] Cf. S. Vyzantios, Κωνσταντινούπολις ἢ περιγραφὴ τοπογραφικὴ ἀρχαιολογικὴ καὶ ἱστορικὴ τῆς περιωνυμοτάτης μεγαλοπόλεως, Athènes t. I, 1851, t. II, 1862, t. III, 1869. L'ouvrage ne doit être utilisé, qu'avec prudence, comme celui de Constantios.

[3] Cf. C. Fossati, *Aya Sofia Constantinople*, Londres, 1852, p. 1-3.

[4] Cf. W. Salzenberg, *Altchristliche Baudenkmale von Constantinopel,* Berlin, 1854.

[5] Cf. C. T. Newton, *Travels and discoveries in the Levant*, t. II, Londres, 1865, p. 25 s., 36.

année l'architecte Albert Lenoir publiait ses *Instructions à l'usage des voyageurs en Orient*, où il montrait par des relevés nouveaux l'insuffisance « des plans et des vues pittoresques », et conviait « à un travail sérieux et complet, qui ouvrirait une large carrière à l'étude [1] ». La voie était dès lors tracée aux archéologues.

Constantinople devient de plus en plus une ville d'art. Les voyageurs y viennent puiser des impressions nouvelles, mais ils se plaisent aussi, comme Gérard de Nerval, à « nettoyer cette médaille byzantine », qui ne l'est pas encore complètement aujourd'hui. L'auteur des *Nuits du Ramazan* ne se lasse pas du spectacle de « cette riante et splendide cité, dont les horizons mouvementés et verdoyants, dont les maisons peintes et les mosquées si élégantes, avec leurs dômes d'étain et leurs minarets frêles ne devraient inspirer que des idées de plaisir et de douce rêverie. » Mais les monuments l'attirent aussi et il contemple longuement les restes de l'ancien Hippodrome [2].

Maxime Du Camp, qui, à son arrivée à Constantinople, croyait « voir toutes les merveilles de la création rassemblées dans un vaste demi-cercle », visite plus attentivement les vieux monuments. Près de la mosquée de Suleïman il remarque sous les arbres un grand sarcophage en porphyre rouge, rempli de

---

[1] Cf. A. Lenoir, *Instructions à l'usage des voyageurs en Orient, 1856* (Collection de documents inédits sur l'histoire de France publiés par les soins du ministre de l'Instruction publique, Paris, 1886, p. 235 s.).

[2] Cf. Gérard de Nerval, *Voyage en Orient*, t. II, Paris, 1883, p. 9-10, 208-209, 211-212.

poussière et de végétation. Comme il demandait quel était ce tombeau si dédaigneusement délaissé, on lui répondit que c'était celui de Constantin, l'empereur lointain auquel l'ignorance populaire attribue encore aujourd'hui tout ce qui, à Stamboul, n'est pas d'origine turque[1].

Théophile Gautier n'a pas seulement donné une admirable vision de Constantinople dont il sut rendre, en véritable artiste, la physionomie pittoresque et colorée; il fut aussi un des premiers à mettre en relief la signification des monuments, en les replaçant dans leur véritable milieu. Il décrit les remparts, « ces murailles roussâtres, encombrées de la végétation des ruines, qui s'écroulent lentement dans la solitude » et les monuments de l'At-Meïdan, « faibles vestiges des magnificences dont rayonnait autrefois cette enceinte splendide ». A Sainte-Sophie, les mosaïques, un instant découvertes, avaient de nouveau disparu sous une couche de badigeon, et les imams déracinaient chaque jour avec leur couteau les petits cubes, revêtus d'une feuille d'or, qu'ils vendaient aux étrangers. Seuls les quatre gigantesques chérubins des pendentifs « dont les six ailes multicolores palpitent à travers le scintillement des cubes de cristal doré » avaient été épargnés. Encore avait-on caché leur tête sous une large rosace. « Malgré ses dégradations Sainte-Sophie l'emporte encore sur toutes les églises chrétiennes que j'ai vues, dit-il, et j'en ai visité beaucoup. Rien n'égale la majesté de ces dômes, de ces tribunes portant sur

---

[1] Cf. Maxime Du Camp, *Souvenirs et paysages d'Orient*, Paris, 1848, p. 97, 189 s., 215 s., 241, 263 s.

des colonnes de jaspe, de porphyre, de vert antique ». Il descend enfin dans les citernes, qui, placées au-dessous du sol, ont échappé à la destruction, et y retrouve « la poussière des siècles[1]. »

De ces « portiques sépulcraux » Edmondo de Amicis

Fig. 48. Kutchuk-Aya-Sofia-Djami. Ancienne église des Saints-Serge-et-Bacchus.

a ressenti toute la grandeur un peu mystérieuse lorsqu'il descend dans la citerne de Yéri-batan-Séraï et

[1] Cf. Th. Gautier, *Constantinople*, Paris, 1853, p. 225-226, 270 s., 279, 301-305, 309, 310. Il signale, comme Maxime Du Camp, le sarcophage en porphyre, près de la mosquée de Suleïman. Le voyageur et historien Fallmerayer, qui s'arrête à Constantinople en allant à Trébizonde, a donné une vue d'ensemble de Stamboul; cf. J. Ph. Fallmerayer, *Neue Fragmente aus dem Orient*, Leipzig, 1861, p. XIII s., 14.

contemple ce vaste lac souterrain d'où émerge une forêt de colonnes. Le voyageur italien a vu encore au Château des Sept Tours « le long des murs, parmi les broussailles, des fragments de bas-reliefs, des fûts de colonnes et des chapiteaux à demi-enterrés, presque couverts par les mauvaises herbes et par l'eau des bourbiers ». Enfin il a ressenti à Sainte-Sophie le choc que l'on éprouve, quand de la porte du second narthex « on embrasse d'un seul coup d'œil ce vide énorme » et cette coupole, qui s'ouvre vers l'infini[1]. « Le temple d'Hagia-Sophia, qui est à Byzance, produit un effet divin avec ses briques et son plâtras. Il est l'image de la voûte du ciel », écrivait Renan à la même époque[2].

Cette « majesté de Sainte-Sophie » Edmond About l'a ressentie également; et il a tracé, en cette fin du XIXe siècle, l'œuvre qui reste à accomplir : « La cité impériale fourmille de tombeaux historiques, de colonnes gréco-romaines, de citernes monumentales; tout cela est perdu, noyé dans des propriétés privées. L'ancien Hippodrome, illustré par les rivalités sanglantes des Bleus et des Verts, sera fouillé assurément un jour ou l'autre, et, à deux ou trois mètres au-dessous du sol actuel, l'archéologue y découvrira des trésors[3]. »

---

[1] Cf. E. de Amicis, *Constantinople*, trad. par Mme J. Colomb, Paris, 1883, p. 189, 288, 378-379.

[2] Cf. E. Renan, *Souvenirs d'enfance et de jeunesse*, Paris, 1883, p. 72.

[3] Cf. E. About, *De Pontoise à Stamboul*, Paris, 1884, p. 102, 107.

* * *

Ville d'art antique, ville d'art byzantin, ville d'art musulman, Constantinople a fait, depuis la fin du XIXe siècle, l'objet d'études d'ensemble, où l'on condense pour le grand public les résultats des recherches spéciales[1]. Cette ville de nature composite, comme les peuples qui l'habitent, comme les langues qu'on y parle, est difficile à déchiffrer. C'est un amalgame complexe d'édifices de tous les âges. Aussi ces ouvrages de vulgarisation, qui exigeraient des connaissances approfondies à la fois en art byzantin et en art musulman, contiennent-ils parfois des erreurs et des inexactitudes. Mais ils ont le mérite d'attirer l'attention sur la ville, et de continuer la tradition des voyageurs du Levant, de ces vieux voyageurs, qui ont presque tous apporté une pierre à l'édifice qu'ils se proposaient de reconstruire.

[1] Le petit livre de P. A. Dethier, *Der Bosphor und Constantinopel,* Vienne, 1873, est sans valeur. L'ouvrage de E. A. Grosvenor, *Constantinople,* Londres, 1895, 2 vol., qui contient de nombreuses illustrations, est une œuvre de vulgarisation intelligente. De nos jours ces manuels se sont multipliés et sont ornés de dessins, d'aquarelles et de photogravures. On citera : H. Barth, *Constantinople,* Paris, 1903 (Collection des villes d'art célèbres) ; Warwick Gobbe et A. van Millingen, *Constantinople,* Londres, 1906 ; C. Gurlitt, *Konstantinopel,* Berlin, 1908 ; W. H. Hutton, *Constantinople,* Londres, 1909 (Collection Mediaeval Towns) ; Djelal Essad, *Constantinople, de Byzance à Stamboul,* Paris, 1909.

CHAPITRE VIII

Constantinople au Moyen Age et les découvertes des voyageurs.

Ce qui reste à faire : les fouilles, entretien des monuments; les questions topographiques. — Utilisation des situations naturelles; les sites pittoresques. — Les aspects de la ville ancienne : les cimetières; les remparts; les ports de la Marmara et de la Corne d'Or; les quartiers maritimes et commerçants; les grandes artères; les portiques; la disposition extérieure des édifices et des maisons. — Le décor de l'ancienne capitale : les œuvres d'art, colonnes, statues, fontaines, sculptures. — La disposition monumentale : le forum de Constantin; la place de l'Augustéon; le quartier impérial.

Dans cette ville immense les recherches se sont poursuivies sans interruption depuis le moyen âge jusqu'à nos jours. Certes les investigations et les publications des voyageurs contemporains ont contribué beaucoup à faire connaître les monuments les plus importants, qui ont échappé à l'action destructive et systématique du temps et des hommes. [1] La

[1] Sur ces monuments et ces publications, v. plus haut, p. 9 s.

science moderne emploie des moyens et des méthodes, qui n'étaient pas en la possession des voyageurs d'autrefois. Les recherches de ceux-ci ont été cependant loin d'être vaines. Elles ont permis d'abord de retracer l'histoire de beaucoup de monuments, de connaître leur aspect ancien, et d'indiquer les lieux où s'élevaient plusieurs de ceux qui ont disparu. Elles ont ensuite montré que si beaucoup d'œuvres d'art ont péri avant la conquête turque, beaucoup d'autres subsistaient après la date de 1453. Les indications données par les voyageurs permettront aussi d'en retrouver les restes qui demeurent enfouis dans le sol de la cité. Dans les profondeurs de ce sol il est des sculptures, des colonnes, des inscriptions, qu'il importe d'interroger. Depuis tant de siècles sont enfermées sous les Konaks tant de voix magnifiques, qui feraient retentir à nos oreilles des vérités nouvelles!

En attendant ces fouilles systématiques, qui pourraient être poursuivies avec autant de succès dans la Nouvelle Rome que dans l'Ancienne, il serait possible, sans bouleverser en rien les habitudes et la vie d'une population susceptible et méfiante, de pratiquer des fouilles locales, qui compléteraient notre connaissance restée jusqu'ici imparfaite.

Au Château des Sept Tours de Montconys a signalé sur une porte une grande Victoire tenant une palme [1]. A la Porte Dorée Edmondo de Amicis a vu des fragments de bas-reliefs et des chapiteaux [2]. D'après les renseignements donnés par James Dallaway, les

[1] V. plus haut, p. 133.
[2] V. plus haut, p. 226.

reliefs qui ornaient les propylées, auraient été détruits ou mutilés sur place[1]. En fouillant le long des murs, on retrouverait très probablement des fragments importants provenant de l'ancienne décoration de cette grande porte, qui constituait un des ensembles les plus imposants de l'ancienne capitale.

Il serait facile de dégager la base de la Colonne de Constantin, d'enlever la maçonnerie informe, qui la dépare, et de lui rendre son aspect primitif. On retrouverait aussi l'ancien soubassement de la Colonne de Marcien que Pococke avait aussi vu à la fin du XVIIIe siècle[2]. A la Colonne d'Arcadius ce travail s'impose d'autant plus qu'il est difficile de savoir si le fragment d'un tambour de colonne, conservé au Musée, provient de ce monument ou de la Colonne de Théodose[3]. A en juger par les fragments, qui gisent au pied de la Colonne de Marcien[4], on se rend compte qu'un fût aussi considérable que celui de la Colonne d'Arcadius n'a pas dû disparaître sans laisser de traces. Les voyageurs ont indiqué, siècle après siècle, le travail de désagrégation des reliefs en spirale. Elle commença par se rompre en divers

---

[1] V. plus haut, p. 201.

[2] V. plus haut, p. 185.

[3] Cf. J. Strzygowski, *Die Säule des Arkadius in Konstantinopel* (Jahrbuch des Kaiserlich deutschen archaeologischen Instituts, t. VIII, 1893, p. 249, fig. 10); G. Mendel, *Catalogue des sculptures grecques, romaines et byzantines*, Constantinople, 1914, t. II, p. 442 s., n° 660. Deux autres fragments, sur lesquels sont représentés des soldats morts ou tombés, sont aussi attribués à la Colonne d'Arcadius (*Ibid.*, t. III, p. 523, n° 1315; p. 524, n° 1316).

[4] Cf. J. Ebersolt, *Étude sur la topographie et les monuments de Constantinople* (Extrait de la Revue Archéologique, 1909, II, p. 1, n. 4).

endroits, comme on disait au xviie siècle [1]. Des fragments importants de ces sculptures durent tomber peu à peu et s'enfoncer en terre, avant que les Turcs se fussent décidés à l'abattre.

A l'Hippodrome les trois monuments sont aujourd'hui dégagés et entourés de murs et de grilles. En 1895, lorsque l'Obélisque de pierre, dont les voyageurs ont signalé le mauvais état au xviie siècle et au début du xixe [2], fut définitivement menacé, le Musée impérial ottoman en entreprit la restauration. Les pierres, qui manquaient, furent remplacées par des matériaux provenant des murs d'enceinte [3]. Depuis le milieu du siècle dernier, où les fouilles entreprises par Newton donnèrent de si brillants résultats [4], et depuis la restauration intelligente du Colosse, le pic ne s'est plus enfoncé dans le sol de l'ancienne arène pour rechercher les trésors d'art antique et byzantin, qui y sont sans doute conservés. La partie supérieure du mur de la *spina* sur lequel se dressaient les deux Obélisques et la Colonne serpentine se trouve à trois mètres du sol actuel. Il faudra descendre plus bas pour retrouver le sol antique [5].

Sur la place de l'Augustéon, dont l'emplacement a été respecté dans ses lignes générales et qui forme aujourd'hui l'Aya-Sofia-Meïdan, des sondages permettraient de retrouver le sol antique et l'emplacement

---

[1] V. plus haut, p. 132, 157.

[2] V. plus haut, p. 159, 216.

[3] Cf. S. Reinach, *Chroniques d'Orient*, 2e série, Paris, 1896, p. 454.

[4] V. plus haut, p. 222.

[5] Cf. A. Thiers, *L'Hippodrome de Constantinople* (Comptes rendus des séances de l'Académie des Inscriptions et Belles-Lettres, 1913, p. 38).

des portiques dont les voyageurs du xve et du xvie siècle avaient vu les restes[1]. On retrouverait aussi l'emplacement de la Colonne de Justinien dont Gylli vit encore la base[2]. Un exemple montrera le succès de ces fouilles éventuelles. Lorsque, en 1847, on creusa les fondations du Tribunal de commerce (Tidjaret), on retrouva à une profondeur de trois mètres l'ancien pavé de la place et la base de la Colonne, qui portait la statue de l'impératrice Eudoxie. Ce piédestal, recouvert d'une inscription bilingue, a été transporté près de l'ancienne église de Sainte-Irène[3] (fig. 49).

Fig. 49. Base de la Colonne d'Eudoxie.

Si le Grand Palais des empereurs byzantins a disparu, si l'on ne peut en connaître la superstructure et la décoration que par les textes anciens, il subsiste des ruines et des substructions, qui s'étendent de la

---

[1] V. plus haut, p. 54, 79, 104.

[2] V. plus haut, p. 78.

[3] Cf. Mordtmann, *Esquisse topographique de Constantinople*, Lille, 1892, p. 64; A. Dumont (Revue Archéologique, t. 18, 1868, p. 261); J. Gottwald (Echos d'Orient, t. X, 1907, p. 275 s.).

place de l'At-Meïdan jusqu'à la mer, au bord de laquelle se dresse, dans sa splendeur déchue, « la Maison de Justinien[1] » (fig. 35-38). Il serait nécessaire pour identifier cet édifice, sur lequel il plane bien des incertitudes, de relever méthodiquement les parties existantes, les souterrains avoisinants et de pratiquer des fouilles. Dans la partie inférieure de la façade sont encastrés des chapiteaux; sur le sol, qui s'étend entre le mur et la mer, apparaissent des fragments sculptés.

De l'autre demeure des empereurs byzantins, du palais des Blachernes, on ignore même l'emplacement. Le quartier d'Eïvan Séraï abonde cependant en substructions, en voûtes à fleur de terre, restes de grands édifices. Près d'Eïvan-Séraï-Kapou s'élevait il y a quelques années une longue construction à trois nefs, éclairée dans sa partie supérieure par une rangée de fenêtres, et dont les murs étaient formés de lits de brique alternant avec des rangs de moellon. A cette place on ne voit plus que deux fûts de colonne en marbre blanc et des monceaux de débris, qui marquent l'emplacement de l'édifice, appelé communément portique de Carien[2]. A Tekfour-Séraï, on pourrait du moins dégager la cour, qui précède l'édifice, ainsi que l'intérieur, rempli de décombres. On y trouverait les restes des propylées et les sculptures zoomorphiques, qui étaient en place au XVIIIe siècle[3].

---

[1] V. plus haut, p. 17 s.

[2] Cf. A. van Millingen, *Byzantine Constantinople,* Londres, 1899, p. 196, n. 4; J. Ebersolt, *Rapport sommaire sur une mission à Constantinople* (Extrait des Missions scientifiques, nouvelle série, fasc. 3, Paris, 1911, p. 16-17).

[3] V. plus haut, p. 185, 186. Les citernes sont mieux connues; cependant il en existe encore, que l'on n'a pas relevées; v. plus

Dans les églises transformées en mosquées les voyageurs ont signalé des mosaïques et des peintures, qui de leur temps avaient déjà beaucoup souffert. Mais ils parlent surtout de visages mutilés ou effacés. Et en songeant à Kahrjé-Djami, où l'on a retrouvé un

FIG. 50. Sarcophage en porphyre près de Sainte-Irène.

cycle incomparable, on se demande toujours, en l'absence de preuve, si les mosaïques de l'ancienne église du Christ Pantocrator qu'avaient vues de Monconys et Pococke[1], ne dorment pas toujours sous le

haut, p. 160, 192. Forchheimer et Strzygowski, *Die byzantinischen Wasserbehälter von Konstantinopel*, Vienne, 1893, p. 111 s., citent une vingtaine de citernes qu'ils n'ont pu étudier.

[1] V. plus haut, p. 133, 184.

badigeon blanc, qui les enveloppe comme un linceul. A Sainte-Sophie les mosaïques furent découvertes un instant au milieu du XIXe siècle et l'on a retrouvé des ensembles fort importants [1]. Elles n'étaient donc pas toutes détruites et défigurées. Que penser des mosaïques du grand Baptistère qu'un voyageur a contemplées à la fin du XVIe siècle? [2] Il suffirait d'un sondage superficiel dans toutes ces mosquées pour s'assurer si, sous l'épaisseur légère de la chaux, ne se cachent pas des mosaïques ou des fresques. Jusqu'ici, malgré les relevés faits à Sainte-Sophie, les mosaïques à figures de la Grande Église restent très imparfaitement connues [3].

Les murs d'enceinte, qui ont subi des dommages considérables sur lesquels les voyageurs ont insisté [4], ont fait l'objet de plusieurs études [5]. Mais le vieux mur de Constantin a disparu et l'on ne peut guère en fixer le tracé approximatif que par les textes. Cependant il est très vraisemblable que les fondations de l'ancienne enceinte sont cachées sous les maisons et sous les rues. Les travaux de voirie et de construction, qui sont exécutés constamment dans une grande ville, permettraient à qui voudrait observer, d'en retrouver les fondations [6]. Paspatis avait remarqué

---

[1] V. plus haut, p. 222.
[2] V. plus haut, p. 107.
[3] Cf. Ch. Diehl, *Manuel d'art byzantin*, Paris, 1910, p. 151-152, 472-473; O. M. Dalton, *Byzantine art and archaeology*, Oxford, 1911, p. 391-392.
[4] V. plus haut, p. 124, 208, n. 3, 216.
[5] V. plus haut, p. 13 s.
[6] Cf. Th. Preger, *Studien zur Topographie Konstantinopels. Die Konstantinsmauer* (Byzantinische Zeitschrift, t. XIX, 1910, p. 450).

des choses intéressantes, lors de la construction de la ligne des Chemins de fer orientaux, qui longe les murs de la Marmara[1].

Au sujet de la grande muraille il reste encore bien des incertitudes. On est souvent en présence de diffi-

Fig. 51. Sarcophage près de la Sublime-Porte.

cultés que l'on ne pourra résoudre qu'en effectuant des fouilles. Dans le grand fossé, qui précède les remparts, on découvrirait peut-être les conduites souterraines, qui l'alimentaient en eau. Au pied des murs on retrouverait des fragments de sculptures, qui les

---

[1] Cf. A. G. Paspatis, Βυζαντιναὶ μελέται, Constantinople, 1877, p. 99 s.

décoraient[1], ou des inscriptions qui permettraient d'éclairer certains points de topographie. La question se complique du fait que ces murs ont été restaurés à plusieurs reprises.

La Porte Dorée soulève un problème, qui serait probablement résolu par des sondages. L'arc de triomphe a-t-il été élevé par Théodose le Grand, en 388, ou par Théodose II, en même temps que les propylées et les murs d'enceinte ?[2]

L'identification des portes présente aussi des difficultés. Si on connaît les anciens noms de plusieurs des entrées de la capitale, d'autres ne sont connues que par leur nom turc[3]. Certes les plans anciens et les relations des voyageurs ont permis d'en identifier un certain nombre, mais l'emplacement de certaines autres est toujours resté l'objet des plus vives controverses[4]. La raison en est que les textes byzantins sont souvent confus. En outre, les lieux mêmes ont changé, au cours des âges, plusieurs fois de nom. Plusieurs de ces portes étaient désignées par le nom d'un saint ou d'une église voisine. Or il existait souvent plusieurs églises placées sous le même vocable[5].

---

1 Sur ces sculptures, v. plus bas.

2 V. plus haut p. 16, 17.

3 Cf. A. van Millingen, *op. cit.*, p. 200, 261.

4 Cf. Mordtmann, *Esquisse topographique de Constantinople*, Lille, 1892, p. 27-28, 38, 45. Th. Preger, *Studien zur Topographie Konstantinopels* (Byzantinische Zeitschrift, t. XIV, 1905, p. 272) a montré la faiblesse des arguments qu'on a fait valoir pour l'identification de la porte d'Andrinople. On ajoutera aux listes des portes signalées plus haut, celle qui se trouve dans un manuscrit de Vienne (XVIe siècle), publié par Th. Preger et B. Pantchenko (Byzantinische Zeitschift, t. XXI, 1912, p. 461 s.).

5 Cf. Preger (Byzantinische Zeitschrift, t. XIV, 1905, p. 280); A. van Millingen, *op. cit.*, p. 303.

Et les topographes ont commis parfois l'erreur d'appliquer à des monuments des textes se rapportant en réalité à des édifices et à des emplacements tout différents[1].

Les inscriptions, qui seront mises à jour dans la ville, permettront de rectifier bien des erreurs. La localisation exacte des édifices restera jusque là bien difficile. On peut certes déterminer l'emplacement approximatif d'un groupe de monuments[2]. Quant à leur assigner une place exacte sur un plan, quant à déterminer d'une manière rigoureuse la direction des rues anciennes, cela est impossible dans l'état actuel de nos connaissances. Il est douteux que les rues turques soient sur l'emplacement des voies byzantines, si l'on songe aux incendies multiples, qui ont ravagé et ravagent encore cette ville, à la masse des décombres, qui recouvrent le sol antique. Des indications peuvent être données cependant par la direc-

---

1 L'identification des anciens ports sur la Marmara soulève aussi des difficultés; il semble bien qu'ils aient changé de nom déjà à l'époque byzantine. Plusieurs identifications sont des suppositions gratuites; cf. A. Zanotti, *Autour des murs de Constantinople,* Paris, 1911, p. 41, 55, 58 s., 112 s., 118.

2 C'est ainsi qu'on a défini avec une certaine approximation l'endroit où se trouvaient Saint-Polyeucte et Saint-Christophore; cf. J. Pargoire, *A propos de Boradion* (Byzantinische Zeitschrift, t. XII, 1903, p. 487). Par contre l'emplacement véritable du Sigma est très controversé; cf. J. Pargoire, *Les Saints-Mamas de Constantinople* (Izvjestija russkago archeologičeskago Instituta v Konstantinopoljé, t. IX, 1904, p. 290). On sait que l'Hebdomon a été localisé à Tekfour Séraï pendant des siècles. De nos jours A. van Millingen a prouvé qu'il s'agissait en réalité d'une localité située en dehors de la ville, sur la mer de Marmara; cf. A. van Millingen (Ὁ ἐν Κωνσταντινουπόλει Ἑλληνικὸς Φιλολογικὸς Σύλλογος. Ἀρχαιολογικὴ ἐπιτροπή. Παράρτημα du t. 20-22, 1892, p. 33 s.) ; *Byzantine Constantinople,* p. 316 s.

tion de quelques grandes artères. La rue large et droite, signalée par les voyageurs du XVIIe siècle comme reliant la porte d'Andrinople au Vieux-Sérail, suivait, du moins à cette époque, le tracé d'une ancienne voie byzantine [1]. Le tracé des autres rues ne peut être déterminé actuellement que par l'emplacement des monuments, qui ont échappé à la destruction.

Ces monuments sont autant de points de repère topographiques très sûrs. On peut grâce à eux reconnaître quelques-uns des points de la grande rue centrale (ἡ Μέση), qui traversait la ville depuis la Porte Dorée jusqu'à la place de l'Augustéon [2]. Les Colonnes de Constantin et d'Arcadius, indiquent l'endroit où s'étendaient d'anciennes places. Mais seules des fouilles permettraient de déterminer l'étendue de ces places, la direction des rues anciennes, l'emplacement des édifices, qui les bordaient. A ce point de vue les anciennes citernes et les églises converties en mosquées fournissent des renseignements précieux [3]. Mais, dans l'ensemble, ces questions topographiques, qui n'ont pas été toujours traitées avec la circonspection nécessaire, reposent, le plus souvent, plutôt sur les données fournies par les textes anciens, que sur des preuves tirées du sol même de la ville.

---

[1] V. plus haut, p. 122, 141, 156.

[2] Cf. Mordtmann, *op. cit.*, p. 61 et le plan; Destunis, *Istoriko-topographičeskij očerk suchoputnich stjen Konstantinopolja* (Trudy VI archeologičeskago sjezda v Odessjé, Odessa, 1887, p. 250 s.); A. van Millingen, *op. cit.*, p. 37; J. Ebersolt, *Le Grand Palais de Constantinople et le livre des Cérémonies*, Paris, 1910, p. 15-16.

[3] V. plus haut, p. 23, 24.

Fig. 52. Mur terrestre près de Yédi-Koulé.

*
* *

Ce sol qui recèle dans ses profondeurs bien des secrets [1], les Byzantins avaient su l'utiliser et l'aménager. Les voyageurs ont remarqué le parti que les hommes du moyen âge avaient tiré des situations naturelles.

Andréossy avait observé la distribution intelligente des citernes, la position dominante qu'elles occupent [2]. De Beauveau et de Montconys avaient admiré la vue dont on jouit du balcon de Tekfour-Séraï [3]. Odon de Deuil avait été charmé par le paysage que l'on découvrait du palais des Blachernes [4]. Le site occupé par le Grand Palais n'était pas moins beau. De ces terrasses, de ces balcons, de ces jardins, ombragés par les arbres et rafraîchis par les eaux courantes, la vue s'étendait sur l'entrée de la Corne d'Or, sur la mer miroitante aux feux du jour, sur les îles des Princes et les lointains bleuâtres des montagnes d'Asie [5]. Plusieurs sanctuaires occupent des positions dominantes, aménagées en terrasses : ainsi l'ancienne église dite Eski-Imaret-Djami, l'église du Christ-

---

[1] On pourrait tirer meilleur parti des indications topographiques données par les sculptures trouvées dans la ville et réunies dans les musées. On ignore trop souvent l'emplacement exact où elles ont été retrouvées. Certains fragments portent des inscriptions, qui auraient fourni des renseignements topographiques précieux. On a préféré détacher ces sculptures de leur cadre. Elles ont pris dans les collections publiques l'aspect de pauvres larves. Les monuments de la sculpture byzantine, comme ceux de la sculpture romane, ne devraient jamais être arrachés de l'édifice, auquel ils sont adaptés.

[2] V. plus haut, p. 214.

[3] V. plus haut, p. 118, n. 2, 132.

[4] V. plus haut, p. 33.

[5] Cf. J. Ebersolt, *op. cit.*, p. 161 s.

Pantocrator et celle de la Vierge Pammacaristos[1] (fig. 46).

Sainte-Sophie dresse sa masse imposante sur l'éperon, qui fait face à l'Anatolie. Les coupoles des Saints-Apôtres se profilaient sur le ciel, à l'endroit où s'arrondit le dôme de la mosquée de Mohammed.

Cette ville avec la mer, qui la baigne de deux côtés, avec ses collines et ses dépressions, présentait une variété de site incomparable. Au détour d'une rue la mer apparaissait, lointaine, entre deux files de maisons. Ailleurs une ruelle montueuse conduisait à une terrasse, d'où le regard embrassait tout à coup d'immenses espaces. Plus loin une impasse silencieuse descendait vers les quartiers grouillants du port.

Stamboul présente encore tous ces aspects et le voyageur moderne peut aisément les contempler et en apprécier tout le charme. Les aspects de la ville ancienne sont plus difficiles à saisir.

*
* *

Aujourd'hui les vastes cimetières turcs font à la capitale une seconde et mélancolique enceinte. Il en est d'autres qui se cachent à l'ombre des mosquées et des turbés. Un peu partout les cyprès abritent des tombes musulmanes. La tradition, qui, en Orient, est plus indestructible que les monuments, ne se continuerait-elle pas ici ? On trouve mentionnés des cimetières byzantins à l'intérieur de la ville même,

---

[1] Cf. J. Ebersolt et A. Thiers, *Les Eglises de Constantinople*, Paris, 1913, p. 171, 185, 227.

d'autres dans les quartiers suburbains. Ils étaient entourés de murs, percés d'une porte, qui donnait accès à la nécropole, au milieu de laquelle s'élevait un oratoire (εὐκτήριον)[1].

Par contre, les tombes de ces cimetières chrétiens ne ressemblaient pas aux stèles musulmanes, et ne présentaient pas l'uniformité, qui caractérise ces dernières. Les sarcophages, qui ont été retrouvés dans la ville et qui proviennent soit de ces cimetières, soit des églises, qui servaient de nécropoles, comme les Saints-Apôtres[2], le Pantocrator[3] ou la Péribleptos[4], n'étaient pas taillés dans le marbre suivant un modèle uniforme. Certains avaient l'aspect simple et sévère de ceux que l'on voit à Sainte-Irène. D'autres avaient leur cuve rectangulaire sculptée, suivant le goût du temps, de personnages, d'ornements végétaux ou de dessins géométriques[5] (fig. 50-51).

Au delà de la bordure sombre des cyprès, la ligne des remparts surgit sur le bleu énergique du ciel, dans le rayon qui les dore. Les tours s'espacent le

---

[1] Cf. Typicon du monastère du Pantocrator : ἐν τοῖς διὰ πόλεως κοιμητηρίοις καὶ ἐν τοῖς πέραθεν; cf. Dmitrievskij, *Opisanie liturgičeskich rukopisej*, t. I, Kiev, 1895, p. 693.

[2] Cf. A. Heisenberg, *Grabeskirche und Apostelkirche*, t. II, Leipzig, 1908, p. 112 s.; D. F. Bjeljaev, *Byzantina III* (Zapiski classičeskago otdjelenija imperatorskago russkago archeologičeskago obščestva, t. IV, Pétersbourg, 1907, p. 138 s., 148 s.).

[3] J. Ebersolt et A. Thiers, *op., cit.*, p. 194.

[4] V. plus haut, p. 136.

[5] Cf. J. Strzygowski, *Orient oder Rom*, Leipzig, 1901, p. 40 s., 45, 79, fig. 36; J. Ebersolt, *Rapport sommaire sur une mission à Constantinople* (Extrait des Missions scientifiques, nouvelle série, fasc. III, Paris, 1911, p. 16, pl. XIV, fig. 22); G. Mendel, *Catalogue des sculptures grecques, romaines et byzantines*, t. III, Constantinople, 1914, p. 417, nº 1174, p. 419, nº 1175, p. 528, nº 1320, p. 529, nº 1321.

long des murs, ruinés par endroits et envahis par une folle végétation. Cette vieillesse vénérable et silencieuse rappelle les jours d'autrefois, quand la ville était pleine de bruits, de clameurs et de fanfares. Ces murailles ont vu passer tant de triomphes, tant d'empereurs traînant leur butin ; elles ont résisté, comme un bloc solide, à tant d'assauts, à tant de tremblements de terre! Ici une grande déchirure laisse entrevoir l'intérieur de la ville, là un pan de mur s'est écroulé. De grandes fissures sillonnent les tours de la base au sommet; les voûtes des parties supérieures se sont écroulées; d'énormes blocs de maçonnerie gisent sur les parapets (fig. 52-53). Mais la concrétion, formée de pierres et de briques, disposées en rangs plus ou moins épais, et d'un mortier dur comme la pierre, a résisté.

Fig. 53. Intérieur d'une tour du mur.

La décoration ancienne des murs n'est actuellement plus guère visible. A Yédi-Koulé-Kapou, un aigle, sculpté dans le marbre, semble encore prendre son vol au-dessus de la porte voûtée (fig. 54). Mais combien de sculptures ont disparu, qui ornaient la Porte Dorée ? Sur les murs des propylées des reliefs hellénistiques représentaient des sujets empruntés à la mythologie antique, et des scènes de genre figuraient sur des reliefs contemporains [1]. Sur une autre porte, une Victoire tenant une palme a été signalée par de Montconys [2].

Nombreux, en effet, étaient les reliefs, qui décoraient les murs d'enceinte. On connaît déjà la grande sculpture de l'Annonciation qu'un voyageur du XVIIe siècle a vue en place sur une porte de la Corne d'Or [3]. Un autre ange dans l'attitude réservée aux Victoires a été observé sur le mur de Seraï-bournou [4]. D'autres reliefs figuraient la Vocation de Moïse [5], les trois Hébreux dans la fournaise [6], l'Agneau divin, le Christ entre deux anges [7]. Les inscriptions monumentales, qui au fronton des portes et sur les tours annonçaient aux passants l'œuvre de construction et de restauration accomplie pour protéger la capitale, complétaient, avec leurs lettres colossales, ciselées dans le marbre, la décoration de ces murs de brique et de pierre [8].

---

[1] Cf. J. Strzygowski, *Das goldene Thor in Konstantinopel* (Jahrbuch des kaiserlich deutschen archaeologischen Instituts, t. VIII, 1893, p. 34-39).

[2] V. plus haut, p. 133.

[3] V. plus haut, p. 147.

[4] Cf. J. Strzygowski, *Orient oder Rom*, Leipzig, 1901, p. 29.

[5] Cf. J. Strzygowski (Jahrbuch der Königlich preussischen Kunst sammlungen, t. XIV, 1893, p. 66, fig. 1); S. Reinach, *Chroniques d'Orient*, 2e série, Paris, 1896, p. 455.

[6] Cf. A. van Millingen, *Byzantine Constantinople*, Londres, 1899, p. 191; G. Mendel, *Catalogue des sculptures grecques, romaines et byzantines*, t. II, Constantinople, 1914, p. 468, n° 671.

[7] Cf. G. Mendel, *op. cit.*, p. 477, n° 679; p. 496, n° 697-699.

[8] Beaucoup de ces inscriptions ont été reproduites d'après des estampages ou des photographies par A. van Millingen, *op. cit.*, passim, et par G. Mendel, *op. cit.*, p. 572, 574-577. Ces inscriptions

Fig. 54. Yédi-Koulé-Kapou.

Ceux-ci n'avaient pas autrefois cet aspect dépouillé et dégradé. Les marbres jetaient une note claire ici et là. Les jeux d'ombre et de lumière interrompaient la monotonie de ces longues murailles. Des ornements en brique, niches, fleurs à six ou huit pétales, losanges, dents de scie, grecques, retenaient le regard sur ces immenses façades[1]. L'ornement céramoplastique, combiné avec l'incrustation de marbre, formait un de ces ensembles savants où excellaient les architectes constantinopolitains. Même sur les architectures militaires ils savaient joindre l'agréable à l'utile, la grâce à la force.

Le long des murs maritimes, qui protégeaient le rivage baigné par la Marmara, plusieurs ports avaient été aménagés. C'étaient des ports artificiels dont la construction et l'entretien exigeaient beaucoup de travail et de dépenses. Aussi furent-ils délaissés quand l'empire byzantin alla vers son déclin. Un voyageur du début du XVe siècle les vit déjà ensablés[2]; et les Turcs ne firent rien pour les entretenir. Mais quand la ville était dans toute sa prospérité, cette côte présentait un aspect bien captivant. Les jetées, qui s'avançaient dans la mer, les tours, qui protégeaient l'entrée des rades, les portes de fer, qui en fermaient l'accès, les quais où l'on amarrait les navires, les phares, offraient un spectacle plein d'attrait au voyageur, qui venait de la mer.

---

des murs, qui présentent un grand intérêt au point de vue épigraphique, puisque la plupart sont datées, devraient être toutes reproduites d'après de bons estampages ou de bonnes photographies.

[1] Cf. C. Gurlitt, *Die Baukunst Konstantinopels*, Berlin, 1907, p. 91, fig. 187.

[2] V. plus haut, p. 53, 63.

Il embrassait d'un seul coup d'œil toute cette côte depuis la Tour de marbre (Mermer-Koulé) dont les puissantes assises reposent dans les flots, jusqu'au dôme de Sainte-Sophie. Au-dessus des ports et des murailles, la ville s'étageait en amphithéâtre. Les Colonnes honorifiques émergeaient de la masse des habitations; les multiples églises arrondissaient le dôme de leurs coupoles. En approchant de la Corne d'Or, on distinguait les puissantes substructions de l'Hippodrome, surmontées du grand portique circulaire, les aiguilles des Obélisques et la masse imposante du Palais impérial. En haut, près de l'Hippodrome, surgissait au-dessus de grandes terrasses un groupe compact d'édifices. Plus bas des pavillons épars émergeaient des massifs d'arbres. Près de la mer des façades avec des balcons et des colonnades se développaient sur le mur maritime.

Dans la Corne d'Or un autre spectacle attendait le voyageur. Deux tours, entre lesquelles on tendait, en cas de nécessité, une grosse chaîne, gardaient l'entrée du grand port[1]. A l'intérieur, dans toutes les sinuosités des deux rives, étaient amarrés des navires, chargeant et déchargeant leurs marchandises. Un pont de pierre barrait le fond du port[2]; mais on passait aussi d'une rive à l'autre sur des caïques, comme de nos jours[3]. Une grande animation régnait sur les quais et sur les échelles. Les grands escaliers

---

[1] On peut voir cette chaîne ou du moins une chaîne tout à fait analogue, avec ses énormes maillons, à Sainte-Irène, où elle est conservée; cf. A. van Millingen, *Byzantine Constantinople*, Londres, 1899, p. 228-229.

[2] V. plus haut, p. 38.

[3] V. plus haut, p. 43, 47.

de débarquement étaient probablement construits en pierre. Il en existait sans doute de plus petits en bois, à l'usage des particuliers. Des maisons de commerce et des entrepôts avaient envahi, déjà à l'époque byzantine, la mince bande de terrain, qui s'étend entre le mur d'enceinte et la mer. Là les changeurs pratiquaient leur trafic comme aujourd'hui[1].

Dans ces quartiers commerçants chaque nation, chaque corporation occupait une place distincte et se livrait librement à son commerce ou à son métier. De même qu'autrefois il y avait un quartier des tanneurs, des droguistes, des écrivains[2], de même, dans le Stamboul actuel, on retrouve un quartier des selliers, des bouchers, des cordonniers et des étameurs. Certes, dans le dédale de ces boutiques, dans l'enchevêtrement de ces ruelles le voyageur avait peine à retrouver sa route, et les pèlerins du moyen âge avaient déjà besoin d'un « bon guide ». Il existait cependant des quartiers mieux aérés et moins surpeuplés, avec des « rues larges, pavées de dalles de pierre[3] ».

Ces grandes artères partaient des portes principales de la ville, reliaient les grandes places publiques et se terminaient au cœur de la cité. Suivant le témoignage de Buondelmonti, elles étaient bordées de colonnades[4]. Ces portiques (ἔμβολοι) prenaient différents noms suivant le quartier qu'ils traversaient. Ils étaient non seulement une des plus belles parures de la capi-

---

1 V. plus haut, p. 48.
2 V. plus haut, p. 34 s.
3 V. plus haut, p. 44.
4 V. plus haut, p. 64.

Fig. 55. Ancienne maison près de Koum-Kapou.

tale, mais ils offraient aussi un abri contre les ardeurs du soleil et les intempéries[1].

[1] Cf. Unger, *Quellen der byzantinischen Kunstgeschichte*, Vienne, 1878, p. 125 s.

Le long de ces grandes voies et sur les places se dressaient les édifices publics : le Capitole (τὸ Καπετώλιον)[1], le Prétoire (τὸ Πραιτώριον)[2], les palais du Sénat[3], des « basiliques » à péristyles (στοαί), un octogone à huit arcades, où l'on rendait la justice et où l'on enseignait[4].

Les petits palais des familles princières et les maisons des grandes familles et des hauts personnages étaient disséminés dans tous les quartiers[5]. Beaucoup de maisons tombaient déjà en ruine au début du XIVe siècle, suivant le récit d'un voyageur[6]. Au commencement du XVe siècle les ruines s'accumulent et certains quartiers sont complètement inhabités[7]. On peut se demander s'il en était de même avant 1204. D'après un historien du VIe siècle, les constructions, « liées ensemble », s'étendaient partout, sans interruption. On rencontrait rarement un espace libre[8]. Pendant la première période de l'empire la population devait être plus dense. La prise de Constantinople par les Croisés porta à la ville un coup très sensible. Beaucoup d'édifices avaient disparu avant la conquête turque. Aussi les habitations musulmanes envahirent vite ce vieux sol déjà tout couvert de

---

1 Cf. Unger, *op. cit.*, p. 246; Mordtmann, *Esquisse topographique de Constantinople,* Lille, 1892, p. 70.

2 Cf. G. Laskin, *Zamjetki po drevnostjam Konstantinopolja* (Vizantijskij Vremennik, t. III, 1896, p. 338).

3 Cf. Richter, *Quellen der byzantinischen Kunstgeschichte,* Vienne, 1897, p. 393 s.

4 Cf. Richter, *op. cit.*, p. 405 s.; Mordtmann, *op. cit.*, p. 66.

5 Cf. Notitia urbis Constantinopolitanae dans *Notitia dignitatum,* édit. O. Seeck, Berlin, 1876, p. 230 s.

6 V. plus haut, p. 41.

7 V. plus haut, p. 48, 59.

8 Cf. Agathias, *Hist.*, V, 3, édit., Bonn, p. 283.

ruines [1]. Mais sous la domination turque subsistèrent ces grands espaces inhabités, qui ont été signalés avant la date de 1453. Les uns étaient des lieux vagues, où croissaient des cyprès; les autres étaient occupés par des jardins. Les voyageurs du XVIe siècle ont vu

FIG. 56. Kirk-Tchesmé. Décoration d'une fontaine.

ce Stamboul, tel qu'il apparaît encore aujourd'hui dans certaines de ses parties [2]. Et Clarke pouvait dire non sans justesse que la ville moderne ressemblait beaucoup à la cité ancienne [3].

[1] V. plus haut, p. 69.

[2] V. plus haut, p. 69, 86, 98. Sur la vue perspective de Seutter (XVIIIe siècle), on remarque aussi dans la ville de grands espaces vides; cf. Mordtmann, *op. cit.*, p. 60, 72.

[3] V. plus haut, p. 208.

Aussi, dans l'état de délabrement où se trouvait déjà la ville avant la conquête musulmane ne faut-il pas s'étonner si bien peu de monuments ont été conservés. Tekfour-Séraï et les ruines connues sous le nom de Maison de Justinien sont des vestiges authentiques de l'époque byzantine. Sur ces façades s'ouvrent des arcades et de grandes baies, devant lesquelles s'étendent des balcons[1]. Tekfour-Séraï était recouvert primitivement par une toiture en charpente. La maison à pignon, avec toit à double pente, est représentée sur les dessins du xve et du xvie siècle et sur les miniatures. Mais l'habitation à terrasse et à plusieurs étages y apparaît aussi fréquemment[2]. La maison de Jean Zygomalas, signalée au xvie siècle, appartenait à ce dernier type[3].

Au ive et au ve siècle les maisons des particuliers et les échoppes devaient être séparées des édifices et des entrepôts publics par un intervalle déterminé

---

[1] V. plus haut, p. 17, 18, 140.

[2] Cf. la gravure reproduite par Panvinio (v. plus haut, p. 63), le plan de Buondelmonti, l'ancien plan imprimé entre 1566 et 1574, les dessins de Melchior Lorch, le plan de Vavassore (v. plus haut, p. 53, n. 5; cf. E. Oberhummer, *Konstantinopel unter Suleiman dem Grossen,* Munich, 1902, pl. VIII, XI, p. 21, 22; E. A. Grosvenor, *Constantinople,* t. I, Londres, 1895, p. 51), la gravure insérée dans la Chronique de Nuremberg. (Cf. Th. Reinach, Revue des Études grecques, t. IX, 1896, p. 102), la vue ancienne reproduite par F. Murhard (v. plus haut, p. 212, n. 1). Sur les miniatures du Skylitzès de Madrid (xive siècle), on remarque des maisons à pignon, d'autres à terrasse; (cf. L. de Beylié, *L'Habitation byzantine,* Paris, 1902, p. 90, 94-95). Les architectures, qui apparaissent sur ces miniatures, sont souvent plus ou moins conventionnelles. Ainsi pour le « palais d'Hormisdas ou Boucoléon », les différentes images ne se ressemblent guère (*Ibid.,* p. 134-137).

[3] V. plus haut, p. 102.

par les édits impériaux[1]. Les maisons privées ne devaient pas empiéter sur la rue. Les balcons (*solaria*, σωλάρια), qu'il était interdit de construire exclusivement en bois, devaient avoir entre eux, quand ils se faisaient face, un espace de dix pieds.

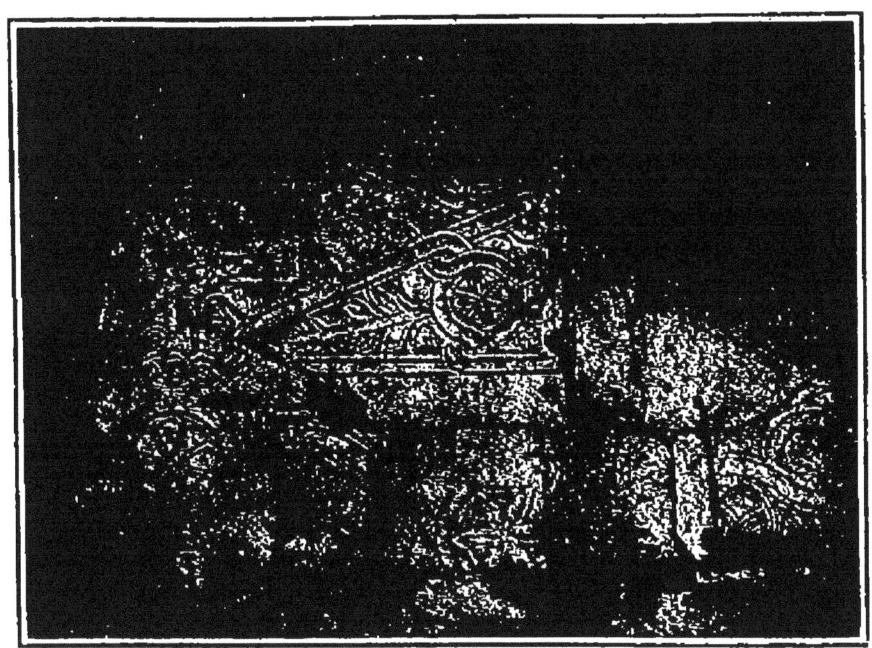

FIG. 57. Kirk-Tchesmé. Décoration d'une fontaine.

On ne pouvait en construire sur les façades, si la rue n'avait pas cette largeur. Ces balcons devaient être à quinze pieds au-dessus du sol et n'être soutenus ni par des colonnes en pierre ou en bois, ni par des pans

[1] Cf. *Codex Theodosianus*, édit. Mommsen, Berlin, 1905, XV, 1, 4, p. 801-802; XV, 1, 38, 39, p. 810; XV, 1, 46, p. 812 : édits de 326, 398, 406; *Codex Justinianus*, édit. P. Krueger, Berlin, 1895, VIII, 10, 9, 11, p. 334 : édits de 406 et de 423.

de murs, afin que l'air pût circuler librement et que la rue ne fût pas obstruée. Etaient prohibés les escaliers partant du sol de la voie publique et donnant accès aux balcons. Toutes ces prescriptions avaient pour but d'écarter le danger des incendies.

Quant aux portiques publics, qui longaient les grandes artères, il était interdit de les clore par des constructions en bois ou par des planches disposées dans les entre-colonnements. Les escaliers en bois, donnant accès à la partie supérieure des portiques, devaient être supprimés et remplacés par des degrés en pierre. Les boutiques ne pouvaient avoir plus de six pieds de large et sept pieds de haut; un passage libre, permettant d'accéder du portique à la rue, devait être ménagé de chaque côté[1]. Ainsi les boutiques (*tabernae*, ἐργαστήριο) étaient rangées le long des arcades, sur la rue même. La partie supérieure des portiques formait une allée, à laquelle on accédait par des escaliers[2].

Dans le dédale des rues populaires, des balcons s'accrochaient aux façades des maisons. Les architectes de Constantinople adoptèrent vite les étages à encorbellement, qui permettaient de gagner de l'espace sur les rues[3]. Ceux-ci se perpétuèrent après la conquête musulmane. La maison de Koum-Kapou, bien qu'elle ne soit probablement pas byzantine,

---

[1] Cf. *Codex Theodosianus*, XV, 1, 45, p. 812 : édit de 406; *Codex Justinianus*, VIII, 10, 12, p. 335-337 : édit de l'empereur Zénon.

[2] Cf. Th. Preger, *Scriptores originum Constantinopolitanarum*, t. II, Leipzig, 1907, p. 148. Sur les miniatures de Skylitzès apparaissent des portiques, dont les colonnes sont surmontées d'arcs en plein cintre; cf. L. de Beylié, *op. cit.*, p. 41, 43, 90.

[3] Des étages à encorbellement sont représentés aussi sur les miniatures de Skylitzès; cf. L. de Beylié, *op. cit.*, p. 90, 94-95.

comme semble l'indiquer l'examen des matériaux et du ciment, a conservé l'aspect d'une habitation ancienne, avec ses fenêtres surmontées d'arcs en plein cintre, son balcon couvert analogue à celui de Tekfour Séraï[1] (fig. 55). Parmi les rues étroites de Stamboul, il en est plus d'une qui, avec leurs moucharabies, évoque l'aspect de la ruelle du moyen âge.

Les bains turcs avec leurs coupoles ont aussi gardé les dispositions essentielles des thermes byzantins, qui étaient très nombreux et disséminés dans tous les quartiers[2]. Par contre on ne peut plus évoquer que le souvenir des anciens monastères, qui ont tous disparu. Les relations de voyage apprennent que la forme préférée était en carré, les bâtiments s'alignant sur les quatre faces de l'enceinte[3].

*
* *

Le décor de la ville était adapté à sa disposition monumentale. Partout le voyageur rencontrait des œuvres d'art. Les portiques publics (ἔμβολοι) étaient couronnés de statues et décorés de marbres[4]. Sur les

---

[1] Cf. L. de Beylié, *op. cit.*, Supplément, Paris, 1903, p. 4; C. Gurlitt, *Zur Topographie Konstantinopels im XVI Jahrhundert* (Orientalisches Archiv, janvier 1912, p. 56). Les maisons massives du Phanar et de Galata ont gardé des traits empruntés aux habitations byzantines, les balcons couverts, les fenêtres à plein cintre. Mais les maisons génoises et vénitiennes notamment ont conservé sans doute le caractère architectural de l'Europe occidentale.

[2] Cf. Unger, *op. cit.*, p. 269; *Notitia dignitatum*, édit. O. Seeck, Berlin, 1876, p. 230 s.; Ch. Texier et Popplewell Pullan, *Architecture byzantine*, Londres, 1864, p. 176-178, pl. LVII; de Beylié, *op. cit.*, p. 6, 7.

[3] V. plus haut, p. 46, 104.

[4] Cf. *Chronicon paschale*, édit. Bonn, p. 528; Th. Preger, *op. cit.*, p. 148.

places principales se dressaient les colonnes triomphales érigées par les empereurs, Constantin le Grand, Théodose le Grand, Arcadius, Marcien, Justinien Ier, et des colonnes honorifiques, celle de l'impératrice Eudoxie[1] et celle qui s'élève dans le jardin du Sérail[2]. Nombreuses étaient les statues impériales[3]. Les portraits d'empereurs que les historiens ont tracés dénotent un souci d'observation et l'art de noter ce qu'il y a de plus expressif dans la figure humaine, la physionomie, le regard[4]. Jusqu'à la fin du VIIIe siècle l'on sculptait ou l'on coulait des statues de marbre, de bronze et d'argent, représentant non seulement les empereurs, mais les impératrices et les membres des familles princières[5].

Les saints avaient aussi leur statue. Constantin le Grand avait fait placer dans le vestibule du Grand Palais, la Chalcé, une statue du Christ, qui resta debout jusqu'au règne de Léon l'Isaurien[6]. Sur les fontaines étaient placées les images de Daniel et du Bon Pasteur[7]. Ces fontaines étaient probablement aussi nombreuses à l'époque byzantine qu'à l'époque turque. L'une d'elles, située près de Sekban-bachi-Mesdjid,

---

[1] V. plus haut, p. 233.

[2] V. plus haut, p. 22.

[3] Cf. Th. Preger, *op. cit.*, p. 138, 150, 158 s.

[4] Cf. Cedrenus, édit. Bonn, t. I, p. 552, 587, 607, 615, 636, 642, 680, 688, 691, 708, 714.

[5] Cf. Heine (Commentationes societatis regiae scientiarum Gottingensis, t. XI, 1790-1791, p. 39); Delbrueck (Roemische Mitteilungen, t. XXVIII, 1913, p. 310 s., pl. IX s.) ; Ch. Diehl, *Manuel d'art byzantin*, Paris, 1910, p. 262-263; O. M. Dalton, *Byzantine art and archaeology*, Oxford, 1911, p. 122.

[6] Cf. J. Ebersolt, *Le Grand Palais de Constantinople et le livre des Cérémonies*, Paris, 1910, p. 21.

[7] Cf. O. M. Dalton, *op. cit.*, p. 123.

a conservé son ancienne décoration [1]. Sous une arcade une dalle sculptée représente deux paons affrontés de chaque côté d'une phiale à pomme de pin, d'où s'échappent des rinceaux. Des plaques sculptées d'entrelacs, de fleurs et de rameaux, complètent cet ensemble, qui est une rareté, si l'on songe à la quantité de jets d'eau, de phiales, signalés par les textes dans les palais et les églises (fig. 56, 57).

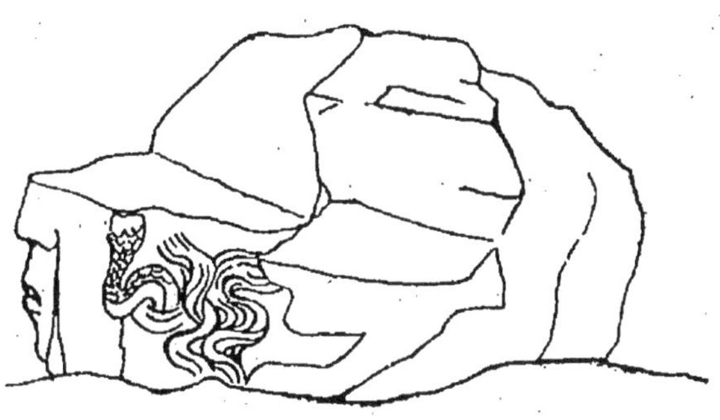

Fig. 58. Tête de Méduse, près de Sainte-Irène.

Les grands édifices étaient aussi décorés de statues. A la Porte Dorée se dressaient des statues d'éléphants [2]; à l'Hippodrome des statues d'animaux étaient érigées près des colonnes historiées perpétuant le souvenir des cochers du Cirque [3]. Les statues antiques, qui furent enlevées aux grandes cités surtout sous le règne de Constantin le Grand, vinrent peupler les portiques, les places et les édifices de la Nouvelle Rome [4]. Constantinople devint un véritable musée d'art antique [5]. Aux thermes de Zeuxippe, Constantin avait

---

[1] Cf. Mordtmann, *op. cit.*, p. 71.

[2] V. plus haut, p. 29, 39.

[3] V. plus haut, p. 34, 39, 51; cf. Unger, *op. cit.*, p. 317 s.

[4] Cf. Preger, *op. cit.*, p. 152 s., 189, 191, 194; Heine, *loc. cit.*, p. 3 s.; Dalton, *op. cit.*, p. 121-122.

[5] Cf. Nicétas Choniates, *De signis Constantinopolitanis*, édit. Bonn, p. 856 s., 859 s.

rassemblé dans un décor luxueux plus de soixante-dix statues antiques[1]. Certaines maisons, comme celle de Lausos, qui ne le cédaient en rien aux palais comme aménagement et comme décoration, en abritaient aussi[2].

Constantinople contenait d'autres œuvres adaptées à la décoration architectonique d'une grande ville. Une tête colossale de Méduse, mutilée dans sa partie supérieure et conservée à Sainte-Irène, provient soit de la Chalcé du Grand Palais[3], soit du forum de Constantin[4]. Ses dimensions indiquent qu'elle ornait autrefois un édifice de proportions considérables (fig. 58). Sur une autre place s'élevait l'Anémodoulion, girouette monumentale, ayant la forme d'une pyramide, dont les flancs étaient couverts de sculptures; au sommet une figure de femme ailée tournait à tous les vents[5].

Sur les places on ne rencontrait pas seulement les hautes colonnes, qui, comme à Rome, portaient sur leur fût un développement de bas-reliefs en spirale. On voyait aussi des monolithes en granit ou en matière de prix, marbre ou bronze. Les Byzantins savaient apprécier la valeur décorative de la colonne-joyau, admirer la beauté de sa couleur et de sa masse précise. Quelques-uns des fûts magnifiques que l'on voit aujourd'hui dans les mosquées, où ils ont été

---

[1] Cf. Description de Christodoros (*Anthologia graeca*, édit. Stadtmueller, t. I, Leipzig, 1894, p. 36 s.).

[2] Cf. Richter, *op. cit.*, p. 376 s., 415 s.; Unger, *op. cit.*, p. 86-88.

[3] Cf. J. Ebersolt, *op. cit.*, p. 21.

[4] Cf. Bjeljaev (Vizantijskij Vremennik, t. I, p. 777-778).

[5] Cf. Th. Reinach (Revue des Etudes grecques, t. IX, 1896, p. 85); J. Compernass (Roemische Quartalschrift, t. XXII, 1908, p. 55-56).

utilisés par les Turcs, décoraient autrefois de majestueuses places publiques.

*
* *

Parmi ces places les deux plus belles étaient le forum de Constantin et l'Augustéon. Le voyageur qui, au xe siècle, visitait ce quartier, où s'élevaient les édifices les plus imposants, en rapportait certainement la plus belle vision de la capitale.

Le forum de Constantin était de forme circulaire, pavé de larges dalles, et entouré de portiques. Sur le côté nord de la place se trouvait le Sénat [1]; d'autres édifices, notamment une église de la Vierge [2], étaient disposés sur le pourtour. Au centre se dressait la Colonne de porphyre, dont la base était entourée de larges degrés; au pied du monument s'élevait un oratoire élevé à la mémoire du Grand Constantin [3].

En suivant la rue centrale, la Mésé, bordée de portiques, le voyageur arrivait à la place de l'Augustéon. A l'entrée se dressait le Milion, auquel venaient aboutir les grandes voies, qui traversaient la ville. Mais à Byzance, le Milliaire n'était pas, comme à Rome, une colonne de marbre [4]; c'était une espèce

---

1 Cf. Richter, *op. cit.*, p. 396 s.

2 Cf. *De Cerimoniis aulæ byzantinæ*, édit. Bonn, App. ad lib. I, p. 502; I, 96, p. 439; II, 19, p. 612.

3 Cf. *De Cerimoniis*, I, 1, p. 28-30; I, 10, p. 74-75; I, 30, p. 164-165; cf. Bjeljaev (Ljetopis istoriko-philologičeskago obščestva pri imperatorskom Novorossijskom Universitetjé, IV, Viz. Otdjel., II, Odessa, 1894, p. 13, n. 1, 15). On ignore à quelle époque furent construits cet oratoire et l'église de la Vierge. Les voyageurs n'en font pas mention.

4 Cf. H. Thédenat, *Le forum romain et les forums impériaux*, Paris, 1904, p. 230, fig. 50.

d'arc de triomphe décoré de statues[1]. A droite du Milion se dressait la masse imposante des thermes de Zeuxippe, et plus loin l'Hippodrome retentissant des clameurs de la foule.

Sur la place le voyageur voyait surgir l'entrée du Palais impérial, avec la coupole de la Chalcé. Il longeait les portiques[2], passait devant le Sénat, qui occupait le côté oriental de l'Augustéon[3], et contemplait les statues, qui décoraient cette place, surtout l'imposante Colonne, surmontée de la statue équestre de Justinien.

Ici on était au cœur de la capitale, de même que sur la place Saint-Marc on est au cœur de la cité des doges. Sainte-Sophie dominait tout cet espace de sa masse énorme. En sortant de ce sanctuaire, le voyageur, tout ébloui par l'éclat des marbres et des mosaïques, pouvait visiter encore deux églises voisines, Sainte-Irène et la Vierge Chalcopratia, où l'on conservait une relique précieuse, la ceinture de la Vierge[4]. Ce quartier impérial, où étaient réunies toutes les splendeurs de l'immense capitale, était bien pour ce peuple un centre de vie, où quelque chose de son essence semblait devenir visible.

---

[1] Cf. J. Ebersolt, *op. cit.*, p. 15-16.

[2] Sur l'ivoire de Trèves, on aperçoit une porte surmontée d'un arc et des portiques, où J. Strzygowski a cru reconnaître une partie de la façade du Grand Palais; cf. *Orient oder Rom*, Leipzig, 1901, p. 85 s., fig. 38.

[3] Cf. J. Ebersolt, *op. cit.*, p. 14 s., 19 s.

[4] Cf. Bjeljaev, *loc. cit.*, II, Viz. Otdjel., I, Odessa, 1892, p. 85 s.; *Byzantina III* (Zapiski classičeskago otdjelenija imperatorskago russkago archeologičeskago obščestva, t. IV, Pétersbourg, 1907, p. 92 s.).

CONCLUSION

La cité ancienne et la ville moderne. Les contrastes. Les influences occidentales, romaines, orientales, hellénistiques. La physionomie de la ville du moyen âge.

Constantinople était au moyen âge ce que sont encore aujourd'hui plusieurs villes d'Orient, ce qu'est Stamboul même dans certaines de ses parties. Tout y est irrégulier ; on n'y trouve aucune trace de plan concerté. Les rues s'élargissent et se rétrécissent, se courbent et se redressent ; les maisons empiètent sur la chaussée, sans aucun respect de l'alignement. C'est du reste un des charmes de ce vieil Orient, qui ne change pas, et Stamboul reste une ville orientale, enveloppée dans le linceul de son passé.

Dans cette ville subsiste l'esprit du vieux monde oriental, avec sa vie primitive, sa vie simple, sans ambitions inquiètes, sans activité fiévreuse. Ces cimetières avec leurs sombres cyprès, ces tombes, qui se penchent, évoquent l'idée de la mort douce, de l'éternel repos. Ces pauvres, qui prient dans l'ombre des sanctuaires, font les mêmes gestes millénaires de l'Oriental, pour lequel les préoccupations de l'avenir n'ont jamais été des curiosités inutiles. A l'observation pénible et brutale de la réalité l'Oriental préfère le rêve; et dans ses interminables discussions on saisit sur le vif son aptitude navrante à la divagation.

Le passé lointain revit aussi dans certains traits de mœurs, dans certains gestes, vieux comme le monde: l'attitude du subordonné se présentant devant son supérieur les mains jointes, la prosternation, les cris de joie de ces femmes, qui viennent remercier un haut fonctionnaire d'un service rendu, la résignation de ces mendiants dont la pauvreté ne choque pas sous le clair soleil d'Orient[1]. Ces habitudes, et bien d'autres encore, se sont perpétuées dans le Stamboul d'aujourd'hui, qui offre au voyageur un champ d'observations infini.

Sans doute un pèlerin du moyen âge aurait pu observer bien des choses identiques. Il aurait pu nous révéler cette psychologie du Byzantin, instruit, intelligent, fin politique, mais sans vues très hautes, ambitieux à l'excès, mais capable de renoncer au monde pour entrer au cloître, trop souvent dénué de morale, mais avec un fonds de sentiments mystiques, aimant les longues discussions subtiles sous les portiques et dans les bains publics, mais capable de brusques résolutions viriles sur le forum ou le champ de bataille. L'âme des habitants était pleine de contrastes comme la cité elle-même.

Au moyen âge la ville présentait déjà dans certains quartiers l'aspect d'un village. La chaumière se dres-

---

[1] Sur ces gestes et ces attitudes à l'époque byzantine, v. J. Ebersolt, *Mélanges d'histoire et d'archéologie byzantines*, Paris, 1917, p. 34-40.

sait à côté du palais, comme aujourd'hui la petite maison de bois à côté du Konak du bey ou du pacha. Les voyageurs du moyen âge avaient remarqué les contrastes de cette cité, pleine de richesses et d'ordures, de splendeurs et d'immondices, de palais et de maisons sordides, avec des voies larges et propres et des ruelles obscures et mal aérées. Comme l'a dit l'un d'eux, « en tout cette ville dépasse la mesure [1] ».

Constantinople présentait d'autres contrastes, non moins étranges. Les influences de l'Occident s'y firent sentir au XIIIe siècle, à la suite des Croisades, qui établirent des relations plus étroites entre les deux mondes. Les clochers élevèrent alors vers le ciel leur toit aigu comme dans une ville d'Occident [2].

La physionomie de la capitale rappelait à certains égards celle de l'ancienne Rome. Dans certains monuments se reflétait l'image du vieil empire. On retrouvait à Constantinople un arc de triomphe, la Porte Dorée, un Prétoire, un Capitole, un Sénat, un Cirque, un Forum, et des places décorées de monuments honorifiques, de statues, de colonnes en spirale. Les thermes occupaient, comme chez les Romains, une place importante. L'aqueduc de Valens, avec ses étages d'arcades, était établi suivant le mode romain [3]. Ces places et ces monuments publics formaient l'ossature de la nouvelle capitale, qui réunit les deux traditions de l'Occident et de l'Orient.

Avec ses marchés dans le dédale desquels affluaient les commerçants de tous les pays, avec ses « rues

---

1 V. plus haut, p. 33, 34, 62.
2 V. plus haut, p. 104, 114, 154, 190.
3 Cf. A. Choisy, *Histoire de l'architecture*, t. I, Paris, p. 570 s.

couvertes » dont les bazars orientaux peuvent aujourd'hui évoquer l'image[1], avec ses nombreux édifices d'où émergeaient de multiples coupoles, Constantinople avait aussi l'aspect d'une ville orientale. Certaines parties du Palais impérial, comme le palais de Constantin, celui de Théophile et le Mouchroutas, reproduisaient l'ordonnance de palais orientaux[2]. Comme dans les cités syriennes, de grandes avenues à portiques traversaient la ville, et c'est sous ces galeries que vivait, comme dans tout l'Orient, la majeure partie de la population[3].

Constantinople se montre aussi l'héritière des grandes cités hellénistiques. Si pour l'adduction des eaux elle emprunte le système romain, pour leur aménagement, elle prend à la Syrie et à la Palestine le réservoir à ciel ouvert, à Alexandrie la citerne souterraine, à colonnes[4]. Elle décore les façades de ses murs d'enceinte suivant le goût hellénistique, en les incrustant de reliefs en marbre[5]. Cette tradition, qui remonte à des origines très lointaines, se perpétue à Constantinople, où les reliefs de la Porte Dorée montraient l'application du système décoratif alexandrin à un arc de triomphe romain, de proportions

---

[1] V. plus haut, p. 44, 60, 63.

[2] Cf. J. Ebersolt, *Le Grand Palais de Constantinople*, Paris, 1910, p. 110 s., 149-150, 167, 171.

[3] V. notamment la carte mosaïque de Mâdaba; cf. R. P. Lagrange (Revue biblique, t. VI, 1897, p. 165 s., 450 s.); J. Ebersolt, *Les Actes de saint Jacques et les Actes d'Aquilas*, Paris, 1902, p. 74 s.; L. de Beylié, *L'habitation byzantine*, Paris, 1902, p. 42.

[4] Cf. Forchheimer et Strzygowski, *Die byzantinischen Wasserbehälter von Konstantinopel*, Vienne, 1893, p. 195 s., 200 s., 204 s. 259.

[5] V. plus haut, p. 245 s.

colossales. Les sarcophages étaient copiés, aux symboles près, sur les tombes des nécropoles antiques. Enfin, comme si cette cité voulait maintenir le lien qui l'unissait à l'antiquité païenne, elle recueille les statues antiques et les dresse dans un cadre digne d'elles.

Ainsi, Constantinople avait une physionomie tout à fait originale. Dans ses aspects divers, on retrouve les mêmes traits, qui caractérisent la vie, telle qu'on la menait autrefois sur les rives du Bosphore et de la Marmara[1]. Gardienne des traditions de l'antiquité grecque et romaine, mais ouverte en même temps aux influences venues de l'Orient et de l'Occident, cette ville, qui fut vraiment un des carrefours du monde, apparaissait déjà aux pèlerins du moyen âge « pleine de contraste, de variété et de complexité ».

BIBLIOTHÈQUE NATIONALE R.F. IMPRIMÉS

[1] Cf. J. Ebersolt, *Mélanges d'histoire et d'archéologie byzantines*, Paris, 1917, p. 101-105.

TABLE ALPHABÉTIQUE

DES NOMS DE PERSONNES, DE LIEUX ET DES PRINCIPALES MATIÈRES

C

D

N

O

P

Q

R

S

T

U

V

W

Y

Z

R.F.

TABLE DES GRAVURES

TABLE DES MATIÈRES

CORRECTIONS

Page 60, note 4, ligne 2, *lire* : Pamjatniki, *au lieu de* : Pamjatnik.
Page 105, note 2, ligne 1, *lire* : 75-81, *au lieu de* : 75-81 I.
Page 110, note 2, ligne 4, *lire* : op., *au lieu de* : ops.
Page 110, note 3, ligne 1, *lire* : Abriss, *au lieu de* Abris.
Page 130, note 1, ligne 21, *lire* : moins, *au lieu de* : mions.
Page 158, note 3, ligne 2, *lire* : la même erreur, *au lieu de* : même erreur.
Page 166, note 3, *lire* : 59-60, *au lieu de* : 59-60, 47.
Page 171, ligne 2, *lire* : envoyer, *au lieu de* : renvoyer.
Page 193, ligne 25, *lire* : Sestini, *au lieu de* : Sestin.
Page 212, note 3, *lire* : 208, *au lieu de* : 203.
Page 250, note 4, *lire* : 54, *au lieu de* : 64.

IMPRIMERIE
ARTISTIQUE
LUX
131, Boul^d St Michel
PARIS

ÉDITIONS ERNEST LEROUX
28, RUE BONAPARTE -- PARIS (VIe)

Monuments de l'Art Byzantin

TOME PREMIER

LE MONASTÈRE DE DAPHNI

Histoire, Architecture, Mosaïques

par G. MILLET — Aquarelles de P. BENOUVILLE

In-4° illustré de 19 planches et 75 gravures . . . . **25** fr.

TOME SECOND

MONUMENTS BYZANTINS DE MISTRA

Matériaux pour l'histoire de l'architecture et de la peinture aux XIVe et XVe siècles

par G. MILLET, avec le concours de H. EUSTACHE, architecte, S. MILLET, RONSIN, ROUMPOS, artistes peintres

Un vol. in-4°, contenant 152 planches. . . . . . . **60** fr.

TOME TROISIÈME

LES ÉGLISES DE CONSTANTINOPLE

par J. EBERSOLT, docteur ès lettres et A. THIERS, architecte (Prix du Salon)

Un vol. in-4°, richement illustré et accompagné d'un album de 58 planches en héliogravure et phototypie . . . . **100** fr.

TOME QUATRIÈME

LES MONUMENTS DE SALONIQUE

par CH. DIEHL, membre de l'Institut, LE TOURNEAU et SALADIN, architectes

Un vol. in-4°, nombreuses illustrations et un album de 68 planches, dont 13 en couleurs . . . . . . **125** fr

EN PRÉPARATION

TOME CINQUIÈME

LES MONUMENTS DE L'ATHOS

par G. MILLET

957 — Imprimerie Artistique "Lux", 131, boulevard Saint-Michel, Paris

www.ingramcontent.com/pod-product-compliance
Ingram Content Group UK Ltd.
Pitfield, Milton Keynes, MK11 3LW, UK
UKHW012201240726
13966UKWH00002B/490

9 782012 881006